わかりやすい統計学

データサイエンス応用

松原 望・森本栄一 著

丸善出版

読者の皆さまへ

　本書は，「数理・データサイエンス・AI」教育を大学で進めるための統計学のテキストである．題材は，著者の筑波大学(社会工学)，東京大学(教養学部「情報(F)」分野)を中心に50年にわたる統計学の研究・教育の現場経験から精選した．進め方として，統計学の実地の活用をめざし，好評だった前編『わかりやすい統計学　データサイエンス基礎』に続くものである．

　手に取っていただいて，ページを開いてみると，今までとはずいぶんちがうと感じる読者は多いかもしれない．現在はもとより「これから」をめざし，いずれ将来はまちがいなくこの本のようになると確信している．

　今日次々と打ち出される「データサイエンス」の応用やさらには新しい「情報」科目などは考え方のうえで無理や不明な点も多くあるが，本書は前向きに取り上げている．統計学の理論からこれだけはととりあげた項目も，唯一正しいといっているわけではなく，これからの時代いろいろな考え方も出てくるだろう．今後読者諸氏のご意見やご批判はたいへんありがたいものである．

　ひとこと言っておくと，算数や数学ではレベルが高くなると「解法のテクニック」が中心になり，とりわけ理系ではこの傾向が強いが，統計学では「読解力」が中心である．「共通テスト」でも，問題の長文理解でパニックになった学生が多い．社会へ出ればわかるように，文章にさえなっていない場合は圧倒的で，問題が発見できれば半分以上解けたも同然である．解くべき問題がすでにそこにあるということはむしろ幸運で，現実にはほとんどない．

　森本栄一は第3章(多変量解析)を担当し，全章の図表作成・計算を担当した．各章末の実践力養成問題は，半分出来れば一応「合」，全問出来ればプロ級である．

2022年11月　　　　　　　　　　　　　　　　東京杉並にて　著者識す

統計学を学ぶ心がまえ

ウソはよくない

「それは失礼ながら少し違うでしょう．あなたの仰る通りだと，下宿屋の婆さんの云う事は信ずるが，教頭の云う事は信じないと云う様に聞こえるが，そう云う意味に解釈して差支えないでしょうか」

　おれは一寸困った．文学士*なんてものはやっぱりえらいもんだ．妙なところへこだわって，ねちねち押し寄せてくる．おれはよく親父から貴様はそそっかしくて駄目だ駄目だと云われたが，成程少々そそっかしい様だ．婆さんの話を聞いてはっと思って飛び出して来たが，実はうらなり君にもうらなりの御母さんにも逢って詳しい事情はきいてみなかったのだ．だからこう文学士流に斬り付けられると，一寸受け止めにくい．

　正面からは受け留めにくいが，おれはもう赤シャツに対して，不信任を心の中で申し渡してしまった．下宿の婆さんもけちん坊の欲張り屋に相違ないが，嘘は吐かない女だ，赤シャツの様に表裏はない．

*文学士：当時の大学文学部卒業者の学位の称号　　　　　　　　　夏目漱石『坊ちゃん』

統計の良い活用と悪い利用

　現在の国政を詳明せざれば，政府則ち施政の便を失う．……現在の国勢を一日に明瞭ならしむる者は統計に若(し)くはなし*(原文片仮名)．

*「統計に若(し)くはなし」：統計に及ぶものはない　　　　大隈重信『統計院設立の建議』

「ぼくの自作農創設も，後藤新平のような規模で，計画することにしようと思うんだ．数字を出せと，課長は言うが，どうせ議員は数字に暗いから，都合のいい統計をいくつも作って数字を出せば，数字の魔力にひっかかるからな」

「都合のいい統計を，君は創作するのかい」

「統計というものは，目的を達するための武器として，勝手につくるものだということを，役所にはいって初めて発見したよ」と，坂田は政治家のように笑った．

芹沢光治良『人間の運命』

学び方の心得

統計学は数学的になっているが，現実の数字データを分析するにはただその数学的方法を形式的にあてはめればよいというものではない．具体的な対象の性質と分析の目的に応じ適切な方法を選び，その結果を正しく判断しなくてはならない．　　　　　　　竹内啓，東京大学教養学部統計学教室（編）『統計学入門』序文

日本の進路について

一般的にいって，一つの体系が社会-文化進化の低い段階に位置しているときには，経験的に社会体系と文化体系の同一性が高く両者の独立性は低い．これは人類学者が往々にして社会体系と文化体系を分析的に区別することを怠り，われわれが社会と呼ぶものを「文化」とよぶ理由であろう*．一定の社会体系と文化体系の関係の問題は部分的には文化体系の非常に多くの構成要素が個別に多様であるという理由からつねに複雑である．　　　　パーソンズ『社会類型——進化と比較』

*日本は「日本」と呼ばれる本質的に前近代的な文化の中に依然として丸ごと包み込まれている．民主政治や市場経済制度，メディアもその中に取り込まれ，これら本来の機能を独立して果たしていないから，厳密な意味では日本はいまだ「社会」として独立して分析できるまで進化していない．これら諸力が進化しそれぞれの決定力（その意味では権力）を以って日本を動かすとき，はじめて新しい日本に生まれかわる日が来る．併せてわれわれに必要な能力はまずは「分析力」である．

竹内啓先生よりのお手紙

著者前書き

　統計学の研究と教育をはじめてから60年近く経つ．その間，広い分野で多くの立派な指導者に恵まれたことはこの上ない幸せであったが，とりわけこのたび竹内啓先生(東京大学名誉教授，統計学)から御推薦の一文をいただいたことは望外の大きな喜びである．ここに深い感謝のことばを述べさせていただくとともに，そのまま(スペースから前半のみ)紹介させていただくことをお許しいただきたい．あらためて竹内先生の助言の含む所をもう一度初心にもどり考え直すつもりでいる．重ねて竹内先生の御励ましに感謝したい．　　　　　　　　　　　　　　　　　　　　　　　著者

松原望様

　御高著『わかりやすい統計学　データサイエンス応用』の校正刷り拝読いたしました．高い観点から非常に広い範囲の問題を対象として統計データのあり方を説かれ大変な力作として感銘を受けました．いいかげんに読んで「わかりやすい」本ではありませんが，よく注意して考えながら読めば統計学の予備知識のない人々にも有益な本だと思います．学生だけでなく，他の分野の研究者，アナリスト，或いはより幅広い一般の読者にも推薦したいと感じました．

　しかし私は率直に申し上げて，統計学についての基本的な考え方においてこの本とは異なるところがあると言わざるを得ないと思いました．私は統計学とは何らかの客観的な対象に関する数字データから，その対象についての客観的な判断を引き出すための科学的方法であると定義したいと思います．そうしてノイズを含んだ統計データから対象について意味する情報を引き出すための基本的枠組みが「確率モデル」というものであると思います．その場合「確率」の意味についてはいろいろな立場があり得ますが純粋の頻度説と主観説＝個人確率論は統計学を基礎づけるものにはならない，と思っています．この点で貴兄は私とは違う考えをお持ちと思います．

　急いで申しますが私はこのことを御高著の評価，或いは否定的なコメントとして申しているのではありません．一つの学問分野についていくつかの異なる立場が存在するのは自然であり，むしろ健全なことと考えています．そうして立場が違っても，学問的業績は評価すべきものは評価しなければならないと思います．従って，私が貴著を推薦する気持ちに偽りはありません(以下，割愛)．

本書で参照される有用なデータのうち

⊠ ⊠ ⊠

で表示されるものは，ベイズ総合研究所の情報サイト

https://www.bayesco.org

で利用可能です．授業・実習，zoom 閲覧などに有効にご活用

ください．リンク切れ，新規設定への対応もあります．

目　　次

イラスト：小林直子

1章

統計学と情報学[*]

事実は小説より奇なり（バイロン卿）

*本章は実質2章分あり，Ⅰ，Ⅱと分けた.

統計学と情報学Ⅰ　統計学を学ぶ

「統計」は聞くが「トウケイガク」は学問ですか，という声があるようである.　読んで字のごとく統計学は統計のための学問だが，では統計は何のためだろうか.　統計は人の人生や生活のための知恵や考え方や方法であり，もちろんノウハウもある.　いくらコンピュータ時代になってもこのことは変わらないどころか，人の「教養」の一部になっていくだろう.　なぜなら統計数字はすでにさまざまな意味をもってわれわれにかかわってくるからである.

たいていの学問は何を扱うかによってどういう学問かわかる.　物理学は力とか電気とか物体の運動，経済学は生産とか消費とか物価，心理学は行動とか態度とか性格，医学は人間の生命とか病気と健康とか診断と治療を対象にする.　では「統計学」とは何であろうか，扱っているモノやコトはそれぞれの学問に属するので，これを除いていくと，空になるのであろうか.　もちろんそうではない.　データから事実は「……のようになっていることが分かる」（分析），「……のようになるだろう」（予測），「……のようにすればよい」（意思決定）などの結論を引き出す重要な方法論（メソッド）が統計学である.　つまり，論理や説得術であり，最近では「エビデンス」（証拠）などと言われている.　仕事や職業にとって有用であり，その重要さからも不可欠と言われ，最近ではコンピュータの計算力がバックに増し加わり「データサイエンス」と一括されている.

それだけではない.　統計の情報は思いのほか身近である.　自分はあるいは自分の親はあとどれくらい生きるのだろうか，健康や病気は，あるいは今後のたくわえは，年金は，保険は，と考えると，よく知られた「生命表」（表1.1）の

表 1.1　生命表(各歳に対する平均余命)

人口 10 万人を基準に考え，年齢ごとに死亡数を追い，死亡率，生存率，平均余命などが計算される．

(単位：年)

年齢	男			女		
	令和2年	令和元年	前年との差	令和2年	令和元年	前年との差
0 歳	81.64	81.41	0.22	87.74	87.45	0.30
5	76.83	76.63	0.20	82.93	82.66	0.27
10	71.85	71.66	0.20	77.96	77.69	0.27
15	66.89	66.69	0.20	72.98	72.72	0.27
20	61.97	61.77	0.20	68.04	67.77	0.27
25	57.12	56.91	0.21	63.12	62.84	0.28
30	52.25	52.03	0.22	58.20	57.91	0.29
35	47.40	47.18	0.23	53.28	53.00	0.29
40	42.57	42.35	0.23	48.40	48.11	0.29
45	37.80	37.57	0.23	43.56	43.26	0.29
50	33.12	32.89	0.24	38.78	38.49	0.29
55	28.58	28.34	0.24	34.09	33.79	0.30
60	24.21	23.97	0.23	29.46	29.17	0.30
65	20.05	19.83	0.23	24.91	24.63	0.29
70	16.18	15.96	0.22	20.49	20.21	0.28
75	12.63	12.41	0.22	16.25	15.97	0.28
80	9.42	9.18	0.24	12.28	12.01	0.27
85	6.67	6.46	0.21	8.76	8.51	0.25
90	4.59	4.41	0.18	5.92	5.71	0.21

お世話になる．x 歳の人はあと平均何年生きるか(平均余命)，$x=0$ の場合なら人の平均的一生(平均寿命)が記録されている．

1.1　統計学という大河

　最初から「統計学」が完全な理論としてあったわけではなく，「応用」の方が先だった．あまりむずかしく考えないことが統計学理解のコツである．ちょうどどんな大河ももとは無数の小さな源から発するように(「濫觴」ということばがある)，それぞれの問題がその場その場で人々の知恵や工夫，着想と想

像力によって解かれ，それら支流が合流して大河となって平野を潤し，万人に役立つ結果が「統計学」になったのである.

国の力と富を数，重さ，秤量で　　近代の統計学は，17世紀英国の W. ペティー(1623-1687)の『政治算術』の創作に始まるとされている(たとえば竹内啓『歴史と統計学』日本経済新聞社).　このタイトルからすると，「国家の算術」つまり経済学を思わせるが，経済学はこの統計学から分かれたから，経済学よりも歴史は長い.

『政治算術』の第一章はたとえばこうである.　領土，人口が小さい国が大きい国に匹敵することが，位置，産業，政策いかんではできる，という.　これがスローガンや政治宣伝やレトリックではない(ペティーは行政官)とすると，それは立証できるのか.　政治的動乱の嵐が吹きすさぶ時代で，やっとニュートンが「自然哲学」を編み出した頃である.　「物理学」という学問のネーミングさえなかった.　そのとき，ペティーが国の力と富を，「いままでのように『こっちの方がヨリ……だ』(比較級)とか『一番……だ』(最上級)など感覚的にいうのはやめて，これからは数 Numbers，重さ Weight，秤量 Measures でキチンと議論しましょう」と言い出したから，「え？」という驚きが皆の反応だったであろう.

今なら「統計リテラシー」とか「データサイエンス」であるが，時代が違う.　しかも相手は「社会」全体である.　言っている本人自身「まだ十分に普通でない」not yet very usual 方法と認めていた.　しかし，ほかにも『賢者へのことば』*verbum sapienti* という著書もあり，この方法や態度に新しい時代への手ごたえと自負を感じていたのだろう.　実際，ペティーの方法や態度は実践的であった.　現代のように人口や所得の調査ができる社会ではなかったから，別の著書『アイルランドの政治的解剖*』にあるように，各家々の煙突の数を数えて所得を推し計り，それを積み上げて地域の所得レベルとしている.　今でも統計学ではどのようにして正しくデータをとるかがまずは基礎中の基礎であることは変らない.

*当時アイルランドはイングランドとは別の王国であったが，イングランド王が国王を兼ねていたから実質は属領であった(現在は別の共和国である).　良き統治策を模索した調査であるが，人体機能をモデルに取ることは当時の先端的な科学思想の特徴で，著者自身内科医でもあった.

　このようにして統計学，そしてその後として経済学がはじめて社会にあらわれたのである．統計のユーザは企業，学校などの教育機関，医療や介護・福祉，行政の従事者はもちろん，一般家庭でも生活の身近な場面では例外ではない．統計は政府や自治体や企業の問題で数学やコンピュータの人々が扱えばよい，という考え方はもう過去の話である．

　統計に対する常識的な判断能力は今後「教養」の一部である．

　人口の集中と過疎　たとえば「DID」ということばを聞いたことがあるだろうか．「人口集中地区」Densely Inhabited Districts という意味で，人口が多くかつ密度が高くそれが集合している地区をいい，分かりやすく言うと「市街

図 1.1　DID(岡山県の例)
「人口集中地区」と訳され，いわゆる「市街地」のことである．図の灰色区域の面積％，人口％に注目する．

地」のことである．人口の大，中都市への集中，小都市の衰退は DID が人口，面積ともに拡大する一方，過疎地域では縮小や消失が見られる．そうなれば，全般的行政サービスが低下したり維持困難になり，医療サービスの継続は困難，廃合をはじめとして，最近は都市周辺部でも空家対策などの新しい行政の課題も生じている．DID マップはインターネットで容易にアクセスできるが，ある程度のターゲットにしぼって検索することが望ましい．全国や各都道府県（一例として岡山県，図 1.1）をみれば，面積的には DID は非常に小さいことがわかる一方，人口的には相当の割合が DID に住んでおり，その傾向は少しずつ進行している．全国で見ると，人口集中地区の人口は 8829 万人で総人口の 70.0% を占めるが，その面積は国土の 3.5% にすぎない（令和 2 年）．ちなみに，前記岡山県ではそれぞれ 48.60%, 2.91% となっている（同，県統計分析課）(https://www.stat.go.jp/data/chiri/map/c_koku/kyokaizu/pdf/r2_gaiyo.pdf).

　地方自治体は，大きく多様化し変化する社会の動きをまず最初に受けとめる役割をはたしている．その中で統計の重要性はこの上なく大きく，努力と知恵を結集したさまざまな統計集が作成されてきた．かつての富山県の『経済指標のかんどころ』はその良い一例である．「ランキング」からも元になった統計数字の意味や取られ方が理解されていれば，さらに進んだ方策が展開できるであろう．ほんの一例として，『101 の指標からみた岡山県』から，ランキングをふたたびランキングし現在の施策の現状や特色を判断しやすいように浮かび上がらせてみてもいい．　　　　　　　　　　　　　　　⊠ ⊠ ⊠ 表 1.2

保育所待機児童　自治体でも事態を正確につかんで施策したり，あるいは行政情報のコミュニケーションをスムーズに効果的にデザインする能力が求められている．もちろん受ける側もネット検索するくらいの能力も最低限必要であろう．そのほんの一例が「保育」で，東京都杉並区でも保育待機者数がゼロとなったデータを挙げておこう（表 1.2）．現場的には，負担が女性にかかっていることからも，政治や行政の女性政策として取り上げてゆくことにつながる．

　介護や保育事業者，物流や食品の販売，ごみの回収や清掃，水道，電気，通信の供給など世の中にはすべての人が依存している仕事がたくさんある（中略）．このような仕事は「絶対的に必要な仕事＝エッセンシャル・ワーク」と呼ばれ，エッセン

表 1.2　保育待機児童数のデータ（東京杉並区）

認可保育所入所申込者数等の状況　　　　　　　　　　　　　（各年 4 月 1 日現在）

項目	平成 28 年	平成 29 年	平成 30 年	平成 31 年
(1)　入所申込者数	3,975	4,457	4,080	4,147
(2)　認可保育所等（注 2）入所者数	1,998	2,921	3,019	3,199
(3)　申込取下・内定後辞退数	170	313	383	388
(4)　認可外保育施設の入所者数	1,130	866	363	281
(5)　除外数（注 3）	541	328	315	279
(6)　待機児童数（注 4）	136	29	0	0

注 2：認可保育所・地域型保育事業（小規模保育，家庭的保育，事業所内保育，居宅訪問型保育）．
注 3：特定の保育所を希望されている方，各年 4 月時点で復職の意思がないと判断される育児休業中の方等が該当．　注 4：(1) − ((2) + (3) + (4) + (5))

シャルワーカーが不安定雇用にさらされている（岸本聡子杉並区長）．今後どの自治体も供給側のゆがみも考えに入れて政策全体の健全性を考えるべきであろう．

1.2　統計で語る現代 I：日本の人口の少子高齢化

人口が日本にとって今まででもこれからも最大の関心事項の一つであることは疑いない．近代の入口の明治からデータで追ってみよう．

明治近代の日本は人口 3,481 万人（1872，明治 5 年）でスタートした．この数は人口調査でなく初めての近代的戸籍（壬申戸籍＊）から集計した戸籍上の人口で，数え漏れがあるものの，その後増加は順調で 1900 年には 4,385 万人，第一回国勢調査（1920 年）には 5,596 万人をかぞえた．第 2 次世界大戦が入るが，年率 1％を超える増加率が続き，1967 年には 1 億人を突破，2008（平成 20）年に 1 億 2,808 万人でピークに達した．

＊壬申戸籍　最初の近代的戸籍で壬申（壬は十干の第九で「みずのえ」，申はさる）は明治 5 年の干支（えと）．編別途上に一部差別が記録され以後に問題を残した．

ここまでの増加率は 136 年間に 3.68 倍で，平均で年率 0.96％となるが，この 1％近い増加率は日本のそれまでの歴史からも相当に高い．この人口成長が

日本の近代的工業化と強い関係を持つことは言うまでもないが，成長はもっと前から始まっていた．よく江戸時代の人口は停滞していたというが，正しくは，前半は人口の成長期，後半は停滞期である．停滞していた人口も 1792（寛政 4）年には 2987 万人で底を打ち，その後の増勢が明治へ続いた*．

*鬼頭宏『人口から読む日本の歴史』講談社

　今日は様子が一変している．日本の人口はすでにピークを過ぎ減少過程に入っている（図 1.2）．2021 年 8 月 1 日の総人口（確定値）は 1 億 2,544 万人で，ピークと比較して 264 万人の減である．少子高齢化による自然減（出生数を死亡数が上回る）は今後も続き，国立社会保障・人口問題研究所による研究で，将来人口の「中位推計」（死亡率，出生率を高，中，低のうちともに中と仮定）を見てみよう（平成 29 年資料**）．

** https://www.ipss.go.jp/pp-zenkoku/j/zenkoku2017/pp29_ReportALL.pdf

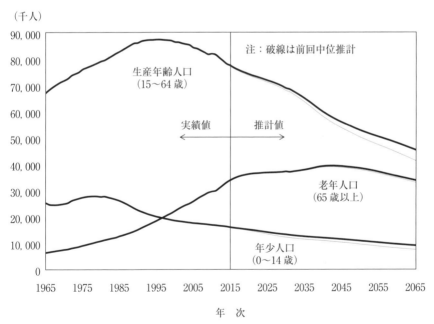

図 1.2　将来人口の中位推計

将来を予測する 9 通りのシナリオの一つが「中位推計」である．

2065（令和 47 年）の日本の年齢 3 区分別人口　（　）は 2021 年 8 月 1 日現在			
総数	8,808 万人（2065 年）		1 億 2,544 万人（2021 年）
15 歳未満	898	10.2%	（11.8%）
16〜64 歳	4,529	51.4%	（59.4%）
65 歳以上	3,381	38.4%	（28.8%）

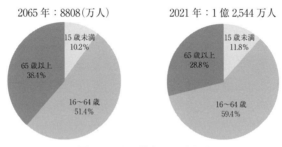

図 1.3　人口構成の 3 区分別

　この 8808 万という数値は，約 70 年前の日本がまだ第二次世界大戦からの復興途上の 1954 年の水準であるが，しかし，問題はその中身である．当時は 3 区分の内訳が 33.4%，61.3%，5.3%（直近 1955 年）で比べものにならない若い構成を示していた．

1.3　統計で語る現代 II：司法にも向けられる統計学の眼

　司法へ厳しい視線　「最高裁判所裁判官国民審査」は国権の三権の一つ「司法」に対する国民のチェックシステムである．総選挙と同時に実施される．裁判官ごとに罷免の可不可を問い「罷免を可とする」場合にのみ×を付けることになっていて（それ以外の記入は認められていない）．「信任投票」ではないとされている．しかし，それは大きな違いではない．裁判官は国会議員よりも国民から遠い存在であり，判断の資料も公報では十分でないから，×は政治に村

度する司法のありかた全体に対する直接判断である.

　×の割合も低率しかもほとんど傾向がないといわれ, データの分析もほとんどない. しかし, それは分析法の問題であって, よく分析してみると民主主義のガバナンスに対する微妙な変化がはっきりと見て取れる. ここでは, 各裁判官ごとに

$$信頼度 = \frac{罷免を可としない割合(\%)}{罷免を可(×)とする割合(\%)} \quad (\boxtimes\ \boxtimes\ \boxtimes\ 結果表)$$

を都道府県ごとに算出した. 時期の違い(総選挙)あるいは出身前職の違いはあるが, 横断的に都市化の程度が及ぼす影響が大きいことが見て取れる.

　①信頼度が低い：北海道, 沖縄, 首都圏4都県(東京, 神奈川, 千葉, 埼玉), 関西4府県(京都, 兵庫, 大阪, 奈良)

　②信頼度が高い：福井, 宮崎, 鹿児島

　人口の都市化は, 司法のありかたに対する視線をより厳しくしている. 都市化は過疎化の対極で疑いの目を以て見られているが, いまや「都市」「地方」という内向きの区別に目を奪われるのでなく, 日本の行く末の見通しに関心を向けるべき時になっている.

　「公正」と「公正らしさ」　もう一歩進んで, この傾向は首都圏人口約34%, 関西圏(2府2県)16%でちょうど人口の半数で起っている. 民意は巨大なコンクリート密室のような最高裁判所(東京三宅坂)に何を感じているか. 最高裁判所が「公正」を維持することに努力していることは認めるが, ただ行政に忖度し国民に対する「公正らしさ」だけに苦心している姿に, いまや国民は疑いの目を向け始めている. 本当に「公正」なのか.

　たとえば, 15人の定数を出身前職でバランスをとって割り当てるシステムは, あまり意味がない. 福島第一原発事故に対して国に防護の責任があったかにつき, 「あり」の三浦裁判官は検察官出身, 「なし」は3人で内一人は女性で行政官出身である. 女性が生まれながら公正への能力が高いともいえない. ただ, 女性も15人中2人と数が少なすぎて, 横断的に多様な意見が反映しきれない. 問題は深刻といえる段階に来ているといえよう.

　最高裁判所裁判官は内閣の任命(長官は内閣の指名, 天皇の任命)であることから, 最高裁判所裁判官の任命には, 国会の関与がなくチェックも効かない.

内閣の意向に忖度しているという批判がある．たとえば，国会同様，傍聴を広く認め重要事件についてはテレビカメラを入れ，納得いく議論を国民に公開すべきである．国民審査があるから必要ないならこの制度をさらに活用するのがよい，こういう意見がある．

　あるいは，情報化時代ならばコンピュータ上の「最高裁判所裁判官評価情報システム」サイト（仮）によって国民目線を司法に通すのが正攻法であろう．裁判官経験者によれば，裁判官は想像以上に世論に敏感であるという．

「土地や樹木や牧草地でなく人間」から一人一票へ　かなり昔，といっても大昔ではなく近代のことだが，ある国は（正確には国々は）奴隷労働を基礎とした昔風の大規模農園経営によって一国経済が成り立っていた．ところが，これらの国々に隣接する仲間の国々では産業革命が進行し工業化が進んでいた．社会経済体制の違いから利害対立（自由貿易対保護貿易）が生まれ，それが次第に抜き差しならなくなったところ，奴隷制を廃止するか否かをきっかけに結局同胞の間の全面戦争に発展した．アメリカ南部諸州と北部諸州の「南北戦争」(1861-1865)である．この様子は『風と共に去りぬ』に描かれている．

　日本では「州」(state)と訳されるが，実際は各植民地からの文字通り別々の独立国も同然で，今も独立した統治機能と権限とを持っている．それらの上に結ばれた「連邦」が United States（複数形）of America (USA) であるが，国際的に外交や軍事の強い権能を持つものの，内政面では想像以上に権限は弱い．強ければ南北が戦争になることもなかったのかもしれない．実際，南北戦争中は南部諸州は連邦から脱退さえしたのである．

　連邦の主力は勝利した北部諸州であり指導者はいうまでもなくリンカーン (A. Lincoln) であったが，ここで非常に大きい静かな革命があった．1868 年アメリカ合衆国憲法第 14 条に修正（改正）が加えられ，それは，連邦最高裁判所は各州の中の統治の不平等に対し，各州議会，各州裁判所を越えて介入できるというものであった（以下に要旨）．この権利の章典の効力は一般的に非常に広く大きい．とりわけ次に述べる「レイノルズ判決」さらには日本の選挙区の平等にも影響している．

> ### 一人一票
>
> 　合衆国で出生した者，帰化したものすべてに市民権をあたえること（平等条項：各州は合衆国市民に保障されている権利を制限してはならない），つまり黒人にも市民権を与える．黒人（男子だけではあったが）に投票権を与えない州には，黒人人口に比例して下院議員定数を減らすことでその選挙権を認めさせる．あとは南北戦争の戦後処理で，南部諸州にとって厳しい条件であった．

「レイノルズ判決」（1964 年）とは南部アラバマ州で問題になった極端な選挙権不平等（州上院で 41 倍，下院で 16 倍）の訴えに対する連邦最高裁判所判決で，投票するのは「土地や樹木や牧草地でなく人間」であるという有名な標語のもと「一人一票」を命じた（意見は 8 対 1）．

　歴史的に見れば，どの国においても選挙区割，定数は議員がその当事者であり，不平等の改善をそもそも議会に期待しにくい．判決は国際的にも非常に意義深いものである．日本においても 1962 年はじめて「一票の格差」訴訟が起こされ格差に対する何件かの違憲判決を得ていることをはじめとして（越山康弁護士），レイノルズ判決に勇気づけられ，2009 年以来 衆参両院の選挙ごとに「一人一票訴訟」が全国規模で提起されている（升永英俊，久保利英明，伊藤真弁護士ら）．人口の動向は年々変化するが，最高裁判所（大法廷）はあえて「違憲」判断を避け，国会の自助努力を条件として「違憲状態」にとどめる判決を出すなど，スローペースではあるが状況はおおむね改善傾向にある．

　しかしながら，投票の完全平等は目的ではあるが，最終の目的ではない．日本の将来を考えればいまいち消極的に感じられる．考えなおすと，投票は民主主義の手段であり，最後は日本国憲法にあるごとく「主権者たる日本国民」（第一条）が「正当に選挙された国会における代表者を通じて行動」し（同前文），「国民の厳粛な信託による国政」（同前）を実現するものである．平等に疑問の余地があるならもちろん「正当に選挙された」とは言えず，「代表者を通じて」にも無理があり，「厳粛な信託」も成立しない．こう考えると，「一人一票」の積極的（科学的）意義は，「日本を統治するのは日本の国民主権である」

ことであり，'国会議員主権'ではない*．これを「**統治論**」という．まさに「人民の人民による人民のための政治」Government of the People, by the People, for the People（リンカーンのゲティスバーグ演説）にほかならない．

*国会議員は全国民を代表し（憲法 43 条①），地域代表ではない．また，本来「公務員は全体の奉仕者であって一部の奉仕者ではない」（同 15 条②）．

人口動向との関連，格差と不平等の定義や測り方，いくつかの改革案の評価など（ことに「道州制」が有望とされている），統計学，政策科学，OR による分析がまたれるが，とにかくも最高裁判所がこの問題を重視していることは，2011 年〜2021 年の 11 年間に限ってみても，年 1 回ないしは数回しかない大法廷判決（全 15 人の裁判官による）のうち，かなりの件数が「一人一票訴訟」に対するもの（8 件）であることからもうかがわれる．

表 1.3 2000 年代の大法廷判決件数（カッコ内：実質）

平成 13 年	平成 14 年	平成 15 年	平成 16 年	平成 17 年	平成 18 年	平成 19 年	平成 20 年	平成 21 年	平成 22 年	平成 23 年
2	2	1	2	3	2	1	3(2)	2	2	4(3)

平成 24 年	平成 25 年	平成 26 年	平成 27 年	平成 28 年	平成 29 年	平成 30 年	平成 31 年	令和 2 年	令和 3 年
2(1)	3(2)	2(1)	5(4)	1	5(4)	2(1)	0	3(2)	1

8 件が一人一票訴訟に対する判決（出典：升永）

1.4 統計で語る現代Ⅲ：視聴率調査で見る日本の歌

日本人独特の情感を込めて歌われる大衆芸能としての歌謡曲は「演歌」と呼ばれる．この語の正確な定義はないが，美空ひばりの国民的人気の定着とともに，「歌謡曲」に替わって 1970 年ころより使われだしたことばである．NHK「紅白歌合戦」は歴史は遡るが，演歌の祭典として時代と地域を超えて続く人気番組であり，その視聴率データはその長さや広がりの点で有数の国民意識調査と考えられ，しかもデータもインターネットでとれる．このグラフを見て何を考えるかディスカッションするのも有益であろう．

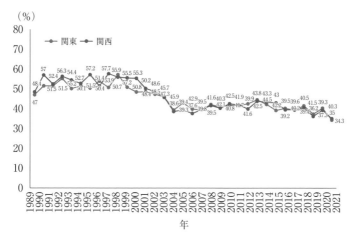

図 1.4　紅白歌合戦(第2部)の世帯視聴率 [ビデオリサーチ調べ] (2地域のみ)　※ビデオリサーチの HP より許可を得て転載

1.5　統計で語る現代Ⅳ：データのない健康食品の世界

　医療は遅かれ早かれすべての人がお世話になる身近なものであるが，その外側には真の姿がおよそつかみにくい「健康食品」という存在があり，実はそれが意外に大きい．「統計で語る」といいながらまとまった統計はない．にもかかわらず，ふだんは意識しないが知っておどろく事実がそこにある．内藤裕史『中毒百科』(丸善)は専門学術的立場から多数のケースを収集し詳らかに問題点を解説している．安全性につき正確さが要求され，以下は引用による．

　　　—がんで死亡する人が30年間に2倍に増え，三人に一人ががんで死亡するまでに増え続けている．死因の二位，三位(注：当時)を占める心疾患，脳血管疾患も，その元になる動脈硬化そのものを医学が治すこと，まして老化 [現在，死亡率第3位] を防ぐことは不可能である．肥満，ストレスを含め，自分の健康は自分で守る以外にない時代になっている．こうした中，補完代替医療が登場したのは必然である．—([　] は引用者)

医療を「補完」(足りない部分を補う)「代替」(その替りをする)するとはど

ういうことと考えられているのだろうか. そこには「データ」「統計」「証拠
(エビデンス)」などとはほとんど縁のない世界が浮かび上がる.「健康食品」
はその中でどのような取られ方をしているのだろうか.

　　　—医薬品は, 有効性と安全性の科学的な根拠の上に国が市販を認めてい
るが, 健康食品の場合, 話を単純化して, 仮に, 朝起きて飲むコップ一杯
のミネラルウォーターが健康の秘訣だと言う人に, 有効性の科学的根拠を
問うのは無意味である. ヨガが健康に良いと思っている人に, その科学的
根拠をただす意味がないのと同様に, 健康食品に, 市販前の有効性の立証
を求めるのは, 医薬品と違い多くの場合, 非現実的である. —

まず医薬品(第2類医薬品)の一例としてある鎮痛剤の外箱を読んでみよう.

　　＜成分・分量(1錠中)＞　エテンザミド(280mg), アセトアミノフェノン
　　(80mg), アリルイソプロピルアセチル尿素(30mg), 無水カフェイン(40mg),
　　添加物［略］

　　＜効能・効果＞　○頭痛・月経痛(生理痛)・神経痛・腰痛・外傷痛・抜歯後の
　　歯痛・咽喉痛・耳痛・関節痛・筋肉痛・肩こり痛・打撲痛・骨折痛・捻挫痛の
　　鎮痛　○悪寒・発熱時の解熱

　　＜用法・用量＞　成人(15歳以上):1回2錠, 1日3回を限度とする. 小児(7
　　歳以上15歳未満):1回1錠, 1日3回を限度とする. なるべく空腹時をさけ,
　　4時間以上の間隔を置いて水またはぬるま湯でおのみください.

用法・用量についてはこの薬剤についてであることは言うまでもない. 1錠
0.5gとすると服用の限度は1日3gとなる. 以上は外箱上の表示で, 服用は説
明文書をよく読むように注意書きがある.

他方, 健康食品の性質はどのように調べられているのだろうか.

　　　—健康食品は医薬品と違い, 品質の均一性, 再現性, 客観性, 純度が保
証されているわけでもない. 漢方薬を構成する生薬を例にとれば, 採取
地, 収穫時期, 気象条件, 使用する部位, 成長の度合い, 処理方法によっ
て成分は数百倍の開きがある(参考頁略). また, 健康食品は摂取量, 接種
方法, 摂取経路, 効果の目安について医薬品に求められているような科学
的根拠もない. したがって, 市販前の安全性の立証も不可能に近い. —

トリプトファンの場合　「安全」との誤解が広くある原因として，たとえば健康被害事件が起こった「トリプトファン」では次のような事情がある．

　　—L-トリプトファンは，魚や大豆，とくに，しらす干し，かつお節，湯葉などに大量に含まれている必須アミノ酸で，不眠，うつ病，月経前症候群に効くといわれ，健康食品として，米国では 1989 年当時，年間 200 万人が飲んでいたとみられる．日本でも，婦人雑誌で，"安眠快眠に良い食べ物" "不眠に悩む人に最適な飲み物" などと紹介され，"時差ぼけのない楽しい海外旅行のお供に食品ですから安全です" と宣伝された．—

　　—L-トリプトファンは，必須アミノ酸だから安全だと信じられていた，と言われているが，そんなことはない．健康食品としての L-トリプトファンに対し，かねてから警告が発せられていた．（以下略）

医学専門誌 *Medical Letter* がすでに警告を発していたのだが（1977），素人でも以下の警告の大筋の外形はわかるだろう．しかし，そのような警告情報が一般の人々に達する道はない．そこに問題がある．

　　—落ち着いて過去の報告を見てみると，L-トリプトファンによって起きた障害や，その毒性についての報告は多い．セロトニンの前駆物質*である L-トリプトファンや 5-ヒドロキシトリプトファンを動物に投与すると，四肢・頭部・体の不規則運動，痙攣（けいれん）がみられる．—

　　　*「前駆物資」とはある化学物質について，その物質が生成する前の段階の物質．「セロトニン」は脳内の神経伝達物質である．

どこに統計の数字があるのかといえば，ここでは量による報告がある．

　　—これらの症状は，中枢神経にセロトニンが蓄積したために起こる症状と考えられ，セロトニン症候群と呼ばれている．症状は，ふるえ，発汗，眼振（がんしん），失調，緊張亢進，ミオクローヌスなどである．うつ病の治療に，上記 2 種類の抗うつ剤に L-トリプトファンを併用する方法は，1980 年代一応の評価を受けていた．L-トリプトファンはうつ病に効く健康食品と宣伝されていたから，抗うつ剤のリチウム投与を受けていた患者に，1 日 2g の L-トリプトファンを追加したところ，1 週間後に，過呼吸，発汗，ふるえ，発熱，反射亢進が現れた，という報告もある（文献略）．

　　L-トリプトファンの単独の 1 回接種でも，嗜眠（しみん），多幸感，眼振などの

中枢神経症状が量依存的に現れる（文献略）（中略）好酸球増加・筋肉痛症候群の患者の一日摂取量は 0.5〜6g であった．4g を越えると 50％の人が発症している．
—

これを ‘半数効果量 ED＝4g’ と表す．物質の生体効果に関心ある人は次の「シグモイド型関数」で関心を高めてほしい．

量-反応関係　ここから必要なら一歩進んで学ぼう．統計学が役に立つところである．「4 g を越えると 50％の人が発症している」ということは，摂取量と発症の関係の一つの目安である．一般に生物体に対する「（用）量-反応関係」ドースレスポンス　リレーションシップ dose-response relationship といわれる因果関係が疫学（集団の健康状態を扱う医学の一分野）をはじめ生物統計学でよく仮定される．疾病の頻度は原因物質の摂取量あるいは暴露（ばくろ）量とともに上がると考えられる．ここでは頻度（割合）か確率とすると，確率は 0 から 1（0％〜100％）へ増加していく．その数学の式として単純に，指数関数（e^x）を用いて，疾病の確率が

表 1.4　ロジスティック関数の関数値

y	-3.0	-2.5	-2.0	-1.5	-1.0	-0.5	0.0	0.5	1.0	1.5	2.0	2.5	3.0
p	0.047	0.076	0.119	0.182	0.269	0.378	0.500	0.622	0.731	0.818	0.881	0.924	0.953

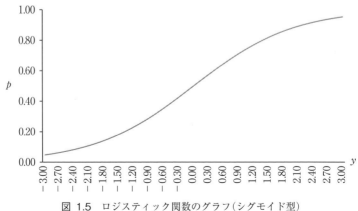

図 1.5　ロジスティック関数のグラフ（シグモイド型）
引き伸ばした S 字型（S はギリシャ文字 ‘シグマ’ に対応．-oid は「ような」）

ロジスティック関数　　　$p = \dfrac{1}{1+e^{-y}}$　　　（yは$-\infty$から∞まで）

で決まるとされることが多い．エクセルで簡単に計算，図示できる．見ての通り，ゆったりとSを引き延ばした形で「シグモイド型」と呼ばれる．タテ軸は確率pで0〜1であり，yが小さければpは0に近く大きければ1(100%)に近づく．大きいyでは疾病の確率は高くなる（表1.4，図1.5）．

ここでyは，摂取量や摂取量に比例（固定した部分も入れて）した換算量で

$$y = a + bx \qquad （x＝摂取量）$$

とされる．bはxの効果度を示し，bが大きければ（小さければ）単位当たりの効き方（インパクト）は大きい（小さい）．aは，xにかかわらずその集団全体による効果をあらわし，したがって集団が異なればaも異なるのでa_gで集団をあらわすこともある．そのようにしてxが換算したのが y である．$a+bx$と表しているから線形回帰分析に似ているが，$p = a + bx$でなく，ロジスティック関数の曲線が入っているので「非線形回帰」と呼ばれる．'非線形'は英語では，non-linear（ノンリニアー）である．

用量-反応関係は，従来から公害型疾病，放射線影響の調査あるいは創薬（例えば除虫剤）の開発の場面でも大きな役割を果たし，きわめて多くの応用例がある．

ロジットとオッズ　次に，もしpを$1-p$で割ると，この関数は

$$\frac{p}{1-p} = e^{a+bx}$$

となることがわかれば，指数関数eの逆関数（逆引きの関数）は log だから

$$\log\left(\frac{p}{1-p}\right) = a + bx$$

であって，右辺の形からふつうの回帰分析に近くなるので便利である．この左辺はpの「ロジット変換」とよばれている．ちなみに□$= e^{\triangle}$なら交換して△$= \log$□となる．ただし，この log は自然対数でエクセルでは LN（　）である．

このようにある別の量xによって起こる（確率p）起きない（確率$1-p$）が決まるとき，起こり易さを起こる起きないの確率の比$p/(1-p)$で強調して測る（「オッズ」odds という）ことがよくある．たとえば

$$p=0.01\ \text{なら}\ 0.01/0.99 \fallingdotseq 0.01,\quad p=0.99\ \text{なら}\ 0.99/0.01 \fallingdotseq 100$$

動く範囲が 1 万倍にもわたるのは不都合なので，対数（自然対数）ととると $\log 100 \fallingdotseq 4.6$，$\log 0.01 \fallingdotseq -4.6$ で常識的な範囲となる．これがロジット変換のメリットである．

半数に効果のあるリスク量　摂取する薬剤の効果には個人差があり，ここでもロジスティック関数を用いた用量-反応関係の考え方が有用である．医学雑誌[*]には実際の臨床データの一例として麻酔薬チオペンタールの有効性が載っているが，ここで実際には

$$y = -1.92 + 2.78 \times \text{用量}\quad （\text{対数}）$$

である．用量は生体作用の大きさの対数であらわすのがふつうである．

[*]Bliss&LD 50　https://pubmed.ncbi.nlm.nih.gov/599579/

　直接に用量（対数）であらわしたグラフが図 1.5 である．目安として対象集団の 50％ に有効な用量（対数）ED50 は図 1.5 で $y=0$ とおいて，

$$-1.92 + 2.78x = 0$$

を解いて $x=1.92/2.78=0.69$．対数は自然対数であったから，もとの用量に戻すと $e^{0.69}=1.99 mg/kg$（体重当たり）と出る．計算は EXP(0.69) でできる．

1.6　ダーウィン『種の起源』と現代

　ここで統計学の歴史へ戻ろう．

　ダーウィンの『種の起源』を読んでみると，数少ない統計的な例証で実に広く深いことが述べられていることにおどろく．その影響の末流に数理統計学が登場したのだから，興味津々でもある．またそのさらに先端に「バイオインフォーマティクス」が開かれていることを思えばなおさらである．まずは，そのさわりを紹介しよう．なお「種」（しゅ，species[*]）についての基本知識は，単に「種類」ではなく

　　　―分類の基本的な単位．共通した形態的・生理的な特徴をもつ集まりで，同種内で交配が可能であり，繁殖能力をもつ子孫を作ることができる―

[*]英語 species（スピーシーズ）は単複区別はなく単数形でもある．

　さて，作品の基本トーンは，「種」は基本単位ではあるが単純な「始まり」ではなく出入りが多く生成されたものであり，どのように生成されたか(起源)が肝心の点である‘種は猛烈な速さで数が増えるから，さまざまな条件から決してそのままでは残りえない’．[強調は引用者以下同]

　　　―どの生物も自然的には，もしもほろぼされていかないならば，ただ一対のものの子孫だけですぐに地球上がいっぱいになってしまうほどの高率で増加する，という規則には，例外はない．繁殖のおそい人間でさえ，25年間に倍になった．この割合でいけば，2～3000年のうちには，文字通り子孫たちの立っている余地もなくなるであろう．リネウス(Linnaeus)は，一年生の植物がただ二個の種子を生じ――実際にはこんなに不生産的な植物はない――，翌年その種子がそだってできた植物からまた二個の種子を生じるようになっていくと，20年で100万本の植物になるという計算をした．―

　人について「25年で倍」はマルサスの『人口論』をそのまま引いているが，年率で2.81％になり近代日本のおおむね1％をはるかに超えるハイペースである．ただし，マルサスでは「制限されなければ」という条件がついている．リネウスはもちろんリンネである．

　　　―生存闘争は，あらゆる生物が高率で増加する傾向をもつことの不可避的な結果である．すべての生物はそのほんらいの寿命の間に多数の卵あるいは種子を生じるものであるが，一生のある時期に，ある季節あるいはある年に，**ほろびねばならない**．もしそうであるならば，幾何学的に(等比数列的)増加の原則によって，その個体数はたちまち法外に増大し，どんな国でもそれを収容できなくなる．このような生存の可能な以上に多くの個体がうまれるので，あらゆる場合に，ある個体と同種の他の個体との，あるいはちがった種の個体との，さらにまた生活の物理的条件との，生存闘争が当然生じることになる．―

　生存競争という言い方が一般であるが，ここでは「生存闘争」になるという．なお，微妙だが「適者生存」survival of the fittest はダーウィンのいいかたではなく，社会学者スペンサーの助言による．

　　　―世界じゅうのすべての生物において高い幾何学的(等比数列的)の比率で増加する結果おこる(生存闘争)が取り扱われる．これはマルサス(Malthus)の原理を全動物界に適用したものである．どの種でも生存していかれるよりずっと多

くの個体がうまれ，したがって頻繁に生存闘争がおこるので，なんらかの点で
たとえわずかでも有利な変異をする生物は，複雑でまたときに変化する生活条
件のもとで生存の機会によりめぐまれ，こうして，**自然に**（naturally）選択され
る．遺伝の確固たる原理にもとづき，選択される変種はどれもその新しい変化
した形態をふやしていくことになる．—

かつては「自然淘汰」natural selection と訳されたが，今では危うい語感を
避けて「自然選択」が定訳である．また「自然な（に）」であって，主語として
「自然」Nature*が選択するのではない．これは全体主義的である．

　*題名の副題に「優良種族の保存のために」とあり，邦訳（岩波）では難を避けて書名に
　は訳されていない．「種族」race が「人種」をさすのか一般の生物学的「種」をさすの
　かあいまいである．

遺伝と最初の線形回帰　ダーウィンがいう「遺伝の確固たる原理」を大きく
進めたのがゴルトン，その友人の K. ピアソンである．表 1.6（ウェブ上）はピア
ソンらが 1903 年に発表した父子の身長のデータで，その最初の着想や 1700 件
を超えるデータ収集作業から言っても，近代統計学の始まりの歴史的意義があ
る．データは見ての通りある親の身長が高（低）ければ子も高（低）くなる．

⊠ ⊠ ⊠ 表 1.6

それより前（1889 年），ゴルトンのスイートピーの種子の大きさのデータで
は，想定された直線「回帰直線」に添うように，しかもそのまわりに統計的に
ばらついて分布する．「回帰*」とは子（F）は親（P）ほどに平均からばらつかず，
親の平均に戻って行く（退行）の意味である．以後，「回帰」はその意味を越え
て「回帰分析」として一般的に使われている．　　　　⊠ ⊠ ⊠ 図 1.6

*「回帰」の原英語　Regression は「戻る」「退く」こと，反対は Progress, Progression
で「進歩」する（こと）．

表 1.7　スイートピーの種子の大きさ（F. Galton *Natural Inheritance*）

スイートピー						（インチ）
P（親）	15	16	17	18	19	20	21
F（子）	15.2	16.0	15.6	16.3	16.0	17.3	17.5

以下，次節以下へ続けよう（1.12 参照）．

統計学と情報学 II　　情報学への招待

　　秘すれば花なり．秘せずは花なるべからず．（世阿弥）

　統計学からあるいは統計学の中に生まれた重要な考え方に「情報」概念がある．不確実性と確率（確率論），原因と結果（因果関係），アナログとデジタル（計算機科学），データサイエンス（AI ことに機械学習），これから出てきた重要な分野には，情報理論，ベイズ統計学，意思決定理論，フィードバック制御，やや別系統だがゲノムのシステムを対象にした生物情報学（バイオインフォーマティックス）がある．これは理系の使い方である．

　一方世の中でも「情報」（information）という定義のはっきりしないことばが流通して来た．今となっては，これは‘文理融合的’な考え方で，十分に‘文系’――アナログ的――世界も含まれる．*inform* とは「知らせる」あるいは「伝える」という意味だが，何を知らせるのだろうか．そこで統計学でいう情報の扱い方を中心に新しく現代的に「情報学」と呼ぶことにし，構想そしてつづいて基本数理をやさしく解説しよう．

　そのルーツは，ウィーナーの「サイバーネティックス」Cybernetics およびほぼ同時代のシャノンの「エントロピー」の2つである．

1.7　サイバーネティックス：「サイバー」の起源

　‘Society 5.0’とか‘Digital Transformation’（デジタル革命）といわれる時代にいるわれわれは，ウィーナーの「情報時代」information age のはるか末流にいる．ウィーナーは，技術と人間の間で迷っているわれわれにとって戻るべき原点であり，「人類を人間的に役立てる」ことこそ今以て範とすべきパラダイムである．この元の英語は‘Human Use of Human Beings’で，人間の持っている知能をコンピュータに移す AI の目的も元も人間そのものでなくてはならない．人間的目的なら人間を‘利用’（Use）すると云っても差支えないのである．内容は以下の通りだが，その思考の世界の広さはもちろん，それが

一つにまとめられている構想に驚く．その「一つ」とは何か．「データサイエンス」に求められている理念がすでに表れている．

N. ウィーナー『人間の人間的利用 The Human Use of Human Beings：サイバネティックスと社会』(1954)

1. 歴史におけるサイバネティックス
2. 進歩と社会
3. 厳密性と学者：コミュニケーション行動の2パターン
4. 言語のメカニズムと歴史
5. メッセージとしての組織
6. 法とコミュニケーション
7. コミュニケーション，秘密，社会政策
8. 知識階級と科学者の役割
9. 第1次，第2次産業革命
10. あるコミュニケーション機械とその未来
11. 言語，混線，渋滞

神が人間を理想的に創造 「人間」の社会には‘伝える’こととそのための‘装置’という本質が備わっている．これは機械に延長できる．人間を利用すれば，機械に人間的目的を与えることもできる．現代風にいえば，「機械学習」も作ったのは人間である．機械が目的をもつことは決してなく，どのような機械も外から目的を与えて作られる．しかも理想的に人間目的である．

ウィーナーはユダヤ系のラビ(先生，指導者，神学者)の家系に生れ，神学発想は生まれながらに精神の中に自然にやどった理念で，わざわざ「理念」などという必要はなかった．‘神は自分(神)の姿に似せて人間を理想的に創造した’(旧約聖書「創世記」)というユダヤ‐キリスト教的人間イメージは転じて，機械に人間の理想的思考を与えることになる．もちろん‘人間は機械にすぎない’という唯物的無神論とは真逆で，日本では一時そう誤解した考え方があったのである．

「サイバーネティックス」はその方向の研究の画期的著作である．もちろん動物は人間を含む．まず，出てくるのは情報の「フィードバック」feedback，つまりシステムの出力情報の一部を入力に‘戻す’(back)ということである．

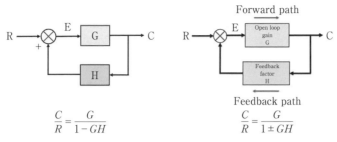

図 1.7　フィードバック(左側：システム，右側：数理)
上側がフィードフォワード，下がフィードバックである.

エアコンを考えよう．'室内温度' という出力情報は元の '電気' の入力に戻され，設定温度を超えれば電気は自動 Automation(センサー)で切れ，下回れば入る．つまりエアコンは '意志' を持っているように見える．工学で言うと，自動で一定状態(ここでは温度)に保たれることを「制御」Control というが，この主体は出力→入力という情報にほかならない．生物の生命体に備わっている恒状維持機能(ホメオスタシス)もこれである．

　ウィーナーは面白いネーミングを考えた．ギリシャ時代の昔，最大でほとんど唯一であった機械「船」の専門職である操舵手キベルネティカ(ギリシア語，英語では steerman)――現代用語では「航海士」あるいはそのトップである「船長」――は船を前に進行すべき方向に制御しなければならない．以後，「サイバー」は情報関係で用いられる形容詞となった．元はそういう意味はない.

　機械崇拝は偶像　社会も常にそのように理想的に一定に維持される．本来，'AI恐怖' はありえないはずである．ウィーナーは旧版の「科学，法，生産」という章で，そのような機械も「人間性創造のために，生まれた人生の余裕を豊かな精神生活のために用いなければならない．決して単にもうけ話や新しき黄金の子牛像*のような機械崇拝(worship of the machine)のためであってはならない」としている．つまり，いかにすばらしい技術であっても，人間が人間以下の 'もの' を崇拝することはあべこべでそうなってはならないという一神教共通の厳しい「偶像崇拝の禁止」の律法が人間の本来守るべき倫理として自然にウィーナーの口からも語られている．たしかに，その律法が自然に人の心にある限り，人が AI に支配されるなどの心配心さえありえない.

*黄金の子牛像とは，旧約聖書「出エジプト記」32章4節にある子牛の黄金像のこと．イスラエル民族（ユダヤ民族の旧称）が真の神を忘れて崇拝した忌むべきバアル神の偶像．ただし「像」とは非常に広くすべて‘形’あるもので貨幣も偶像である（マルクス）．

背後に一神教の宗教観があることはウィーナーの思想を語る上では見逃せない．『神・ゴレム株式会社』別名「サイバーネティックスが宗教とかかわる点につきコメント」（1963）として，サイバーネティックスが社会や倫理，宗教について一神教の「神」概念を替わって受け待つことをほのめかしている．つまりは，サイバーネティックスは一神教のある変化形ということである．「シンギュラリティー」の提唱者 R. カーツワイルも同様の将来を予感していることは，これからの「世界観」を考える上で重要であり，「教養」の一部として避けられないのではないだろうか．

1.8　エントロピー：不確実性と情報の理論

　デジタル社会　‘情報’（information）は確率と強く結びつく面がある．以下では，もっぱらその面を解説しよう．"情報"は現段階では意味論的（semantic）ではない．ラブレターもビジネス文も日本語であり，キーボードのたたき方は同じである．情報は生起する事象（現象）から，その起りやすさ，起りにくさの概念だけを抜き出して確率とし，その上に作られたものであって，さしあたりそれ以外は考えない．価値，好悪，情緒などの意味概念は入ってこない．物理学者 L. ブリルアンは，情報理論においても多大な功を残しているが，デジタル技術の効用と限界につき多少くどいが次のように述べる（傍点引用者）．

　この理論の方法は，符号化，電気通信，自動計算機等の情報に関するすべての技術的な問題に適用されて成功をおさめている．すべてのこれらの問題においては，実際，情報は処理されたり，ある場所から他の場所に伝送されていて，この理論は方式を確立したり可能事と不可能事を厳密に区別したりするのにきわめて有効である．しかしながら，我々は人間の思考の過程を探究しうる状態には達していないので，いまのところは，この理論**に情報の人間的な価値の問題を取り入れることはできない**．人間的な要

素を除外せねばならないのは，理論に重大な限界が存在することになるが，これはこの科学的知識の主要部を確立するために今のところ支払わねばならない代償である．（中略）

　人間的な要素を除外したことによって，多くの疑問に答える道がひらけた．電話方式を設計する技術者は，回線がうわさ話のおしゃべりに使われるのか，株式市況の伝送に使われるのか，あるいは外交上の通信に使われるのかということを配慮する必要はない．技術上の問題はつねに同一であって，いかなる情報をも明瞭に正しく伝えるということである．計算機械の設計者は，それが天文学の数表を作るのに使われるのか，俸給計算に使われるのかを知っていない．**情報の人間的価値を無視**することによって，偏見や情緒的な考察に影響をうけないで，これを科学的に論ずる道がひらけたことになる．「デジタル」はさしあたりは便利な方法であるということである．

情報とは何か　情報理論の基本的仮説はこうである．すなわち，情報とは**不確実性（あいまいさ）の減少**である．郵便番号のたとえがいい．子番号を考えなければ，010（秋田県秋田市内）から 999（山形県西置賜郡小国町）まで $K=990$（通り）ある．郵便番号も住所も忘れて記入されていない，受取人氏名のみの郵便物は 990 通りの行く先すべてが可能であろうから，その推定は大変でこの 990 は不確実性をある意味であらわしている．これが記入前である．記入後は様相は変る．例えば '945' となっていれば，区域としては 1 通り（新潟県柏崎市の一部）と特定される．不確実性は 990 分の 1 になった．逆に記入したことの情報はある意味で $K=990$ という数字で代表される．このように不確実性の減少が情報であり，またその計量を '場合の数' をもとに考えてゆくことが自然である．ただし，そのままでは具合が悪い．理由は以下の通りであるが，ここは飛ばしてもよい．

　郵便番号の集合を考えたが，今度は 2 つの集合 A, B を考えよう．A には K_A 通りの元，B には K_B 通りの元があるとすると，任意の $a \in A$ と任意の $b \in B$ を (a, b) のように組み合わせる順序も考える方法は，今度は

$$K = K_A \times K_B$$

通りある. 2つの情報の組み合わせは, 掛け算のルールに従っている.

20字の情報は10字の情報の2倍であり, 2通話分の電話は1通話分の足し算の情報を含むと考えたい. 電話料金が比例を原則としているのは我々の情報に対する感じ方を示している. そこで, 場合の数が K 通りあるとき, 我々がそれの一通りを知ることにより得る情報は, K というより $\log K$ としよう. すると, 2つの情報の組み合わせの場合の $K = K_A \cdot K_B$ から

$$\log K = \log K_A + \log K_B$$

のように自然に足し算のルールをもつ. そこで, 次のように定義する.

集合 $A = \{a_1, a_2, \cdots, a_K\}$ を考える. どの a も平等に起りうるとすれば, そのうち特定の a が起ったことを知ることによる情報の獲得量(情報量)は $\log K$ である(意味 I).

逆に, 知る前に, どの a が起るかわからないという不確実性の尺度(あいまい度)も $\log K$ である(意味 II).

ビットの起り 場合の数 K が大きいほど起りうる結果 (a) はあいまいであり, またある結果 (a) が起ったことを知ることによる情報量も大きい. 逆に, K が小さければ, あいまい度も小さいかわりに, 知ることの情報量も小さい. 最もシンプルに $K = 2$ で {yes, no} {0, 1} などの二値よりも小さいあいまい度(情報量)はないので(一通りなら確定), あいまい度や情報量の根元的な単位とし,「どちらかを□に記入して下さい」と1桁を用意する. 枝分かれ図からも,

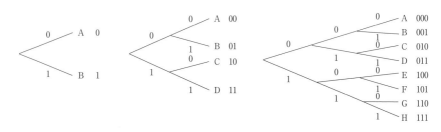

1ビット符号化 (2)　　　2ビット符号化 (4)　　　　3ビット符号化 (8)

図 1.8　ビットの樹形図(ツリー・ダイヤグラム)

発展的, 系統的に表現するのに便利で, 確率過程, ゲーム理論などでもよく用いる.

$K=4=2^2$なら2桁□□，$K=8=2^3$なら3桁□□□でいい.

$K=4$で$\{1,2,3,4\}$の場合，図1.8から実際

$$A \Rightarrow 00, \quad B \Rightarrow 01, \quad C \Rightarrow 10, \quad D \Rightarrow 11$$

で2進法の2桁でカバーされる. さまざまなKでは，次の桁数になる：

$$4 \to 2, \quad 8 \to 3, \quad 16 \to 4, \quad 32 \to 5, \quad 64 \to 6, \quad 128 \to 7, \quad 256 \to 8,$$

$$502 \to 9, \quad 1024 \to 10, \cdots\cdots, \quad 1{,}048{,}576(約100万) \to 20$$

となる. 同じことを今度は底(てい)=2の対数をつかうと，都合よく

$$\log_2 4 = 2, \quad \log_2 8 = 3, \quad \log_2 16 = 4, \quad \log_2 32 = 5, \cdots\cdots$$

となるから，今後は対数は$\log_2 K$とする. EXCELではLOG(32, 2)=5など
と計算する. 今後2進法での桁数(binary digit)を略して「ビット*」という.

*この命名は統計学者テューキー(J. Tukey)による.

全アルファベット

ABCDEFGHIJKLMNOPQRSTUVWXYZ　　(26文字)

を0，1で表して(符号化)みよう. 16より多いから4桁(4ビット)では足りず
5桁(5ビット)あれば十分である. 5ビットなら32文字まで表せるから，26文
字ならフルに5桁必要なわけではない. したがって，4ビット以上5ビット以
下の端数となる.

　心理学的には，不確実性はある結果に対する不安，いらだち，他方，情報量
をそれが実現し不確実性が解けたときの(同量の)安心，"喜びおどろき"の程
度と考えてもよい. 以上をまとめておこう.

ビットの意味

アルファベットに対して：$\log_2 26 = 4.70$ビット　⇒　4あるいは5桁

50音に対して：　　　　　$\log_2 50 = 5.64$ビット　⇒　5あるいは6桁

一文字をさがしているとして(意味Ⅰ)

　　　　　アルファベットの不確実性：4.70ビット

　　　　　50音の不確実性：　　　　　5.64ビット

ある1字が分かったとき(意味Ⅱ)

　　　　　アルファベットの情報量：4.70ビット

　　　　　50音の情報量：　　　　　5.64ビット

エントロピーの定義　あと一息でいよいよエントロピーを定義できる．今までは起り方が平等のときの情報量を考えたが，アルファベットは出方の確率が異なる．しかし確率的でもこれを応用できる．10 回に 1 回の確率 p＝1/10 なら K＝10 通りから 1 通りの不確実性である．つまり K＝1/p ととってよく，

$$\log_2 K = \log_2(1/p)$$

から計算すればよい．p＝1/10 なら 1/p＝10 で $\log_2 10 = 3.32$（ビット）．この計算は端数が出てもよく，3 回に 2 回の p＝2/3 なら 1.5 回に 1 回で，文字通り 1/p＝3/2＝1.5 から $\log_2 1.5 = 0.585$（ビット）となる．このように意外な事実で p が小さいほど情報量は大きい．たしかに次のように言われる．

1/p の原理

犬が人を噛んでもニュースにならないが，人が犬を噛めばニュースになる．‘太陽が東から出る’ ことはニュースにならない（確実で p＝1）．

さらに場合が何通りもあり，その確率の分布がわかっているなら，1/p から計算し，期待値をとってその確率分布の「**エントロピー**」entropy という．第 5 章で詳しく述べるが，ここは定義だけ示そう．

表 1.8　エントロピーの計算手順

場合	A	B	C	
確率 p	1/2	1/3	1/6	（和＝1）
1/p	2	3	6	
$\log_2(1/p)$ *	1	1.585	2.585	

*$\log(1/p) = -\log p$ とすることが多い．

表 1.8 のエントロピーは

$$(1/2)\log_2 2 + (1/3)\log_2 3 + (1/6)\log_2 6 = 1.459（ビット）$$

繰り返すが，意味は I，II の言い方で次の通り．

　　　どの A，B，C がでるかわからない不確実性＝1.459（ビット）

　　　出たときの情報量＝1.459（ビット）

1.9　暗号解読探偵小説：シャーロック・ホームズ『踊る人形』

　不確実なわからない実体を言い当てる作業の数学理論が情報理論である．昔から暗号解読は一部の人々の大きな関心分野で読物としても一つのジャンルを形作ってきた．エンターテインメントの暗号解読で人気を保ってきたのはコナン・ドイルの『踊る人形』 *Dancing Men* である．アルファベットを人の絵文字に置換する伝統的な「換字暗号」でストーカーのスレイニー（Abe Slaney）が今は幸福な家庭婦人エルジー（Elsie）を人形文字の暗号メモで誘い脅迫するというストーリーである．ホームズは順当に英語では最頻字は E，その次は T，……また一文字語は A，I と統計的な確率情報を利用して着々と小気味よく解読してゆく．

　当然英語が前提となっており，英語の特徴としてスペースも考慮されている．暗号の完全版も紹介する．　　　　　　　　　　⊠ ⊠ ⊠ 表1.9

エルジー	プリペア	トゥー	ミート	ザイ	ゴッド
ELSIE	PREPARE	TO	MEET	THY	GOD

解読文：「エルジー，覚悟しろ」（神に会う＝死ぬ）

1.10　尤度：硬貨と画鋲はどこがちがうのか

　エントロピーは「情報」らしいトピックだが，実は確率がその基礎にある．
　高校の「確率」の材料はほとんど硬貨（コイン）とさいころに限られる．狙いは計算の数学的技巧であるが，統計学は事情が全く違いデータの確率原因はわからず（一通りでなく），それを推論するのが目的となる．
　「尤度」はデータの原因になる何通りもの確率分布で，「……とすれば，こうなるのはもっとも（尤も）だ，ありうることだ」というときの……にあたる部分

に注目して現象の元にある大事な原因(のような)部分に注目し,それをデータから推論するのはまさに情報理論の考えに近い.尤度原理はもともと統計学の考え方であるが,情報の基礎になるのである.

2通りの実験　これまでとは変わった実験であるが,情報理論へのスタートになる重要な実験で,以下わかりやすく説明しよう.

> 硬貨を 20 回投げる実験:表が出る回数 x を記録する
> 画鋲を 20 回投げる実験:針が上向きになる回数 x を記録する

を考える.ここで同じ実験(回数を記録する)だが元の確率だけが違って 2 通りあり,その違いに注目する(表 1.9).硬貨を投げる実験は高校の確率・統計ではおなじみだが,画鋲というところがポイントで,外国の教科書ではめずらしくない.

左:上向き　右:下向き
(確率 = 0.6)　(確率 = 0.4)

さて,回数 x の確率は,0.5 や 0.6 が x 回,残りは 0.5 や 0.4 が $20-x$ 回重なるのだから　例えば $x=16$ の確率が次のように表されるのは,直観的にもわかりやすいだろう(図 1.9).組み合わせの数 C は 16 回がどの 16 回かの場合の数だけあることによるが,これは確率と無関係だから考えなくてもよい.

$$_{20}C_{16}(0.5)^{16}(0.5)^4, \quad _{20}C_{16}(0.6)^{16}(0.4)^4$$

尤度の原理　ここから先がいよいよ統計学で,情報へ発展する.

　　データは $x=16$ である.元の確率は $p=0.5$ か $p=0.6$ か.

　　こう考えよう.硬貨なら 20 回中 16 回は回数として多すぎる.実際その確率は相当小さく 0.00462 であるが,画鋲なら確率は 0.0350 で 1 桁大きく,その比 LR は 7.67(倍)にもなる.したがって「どちらか」というなら,画鋲であったとする方が,16 回がヨリ尤もなありうる結果であり,「画鋲」と判断される.

ここで一歩だけ進めよう.「硬貨」とか「画鋲」は仮のもので,次のように

表 1.9　2 通りの確率分布（比で比較）

硬貨の場合 (0.5) と画鋲の場合 (0.6)．E-03 とは 10^{-3}，0.001 等を表わす（一部略）．

x	0	1	9	10	11	12	13
0.6	1.10E-08	3.30E-07	7.10E-02	1.17E-01	1.60E-01	1.80E-01	1.66E-01
0.5	9.54E-07	1.91E-05	1.60E-01	1.76E-01	1.60E-01	1.20E-01	7.39E-02
LR	0.01	0.02	0.44	0.66	1.00	1.50	2.24

x	14	15	16	17	18	19	20
0.6	1.24E-01	7.46E-02	3.50E-02	1.23E-02	3.09E-03	4.87E-04	3.66E-05
0.5	3.70E-02	1.48E-02	4.62E-03	1.09E-03	1.81E-04	1.91E-05	9.54E-07
LR	3.37	5.05	7.57	11.36	17.04	25.56	38.34

LR＝ 尤度の比

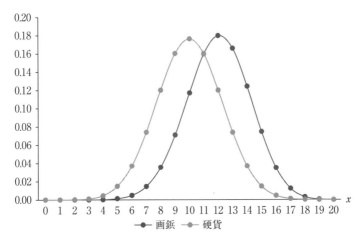

図 1.9　2 通りの確率分布：画鋲 (0.6) vs 硬貨 (0.5)
$x=16$ では相当に確率が異なる．

まとめられる．x の確率の関数（の一部）を p の関数と考え直し（x はもう変数ではない）として式で一本であらわしておこう．C は含めない．

$$L(p) = p^x (1-p)^{20-x} \qquad (ただし，p = 0.5,\ 0.6)$$

データ $x=16$ に対しては，比 LR をとると $L(0.6)$ が $L(0.5)$ より 7.67 倍で十分に大きく，$p=0.6$ と考える方が $x=16$ がよく説明できる．よって $p=0.6$（画

鋲)と決定する．もちろん「十分に」の基準は別の問題である．

　この原理は非常にシンプルで強力，ほとんど万能である．この $L(p)$ を x(16) の「尤　度」(あるいは「尤度関数」)，この $L(0.6)/L(0.5)=7.67$　を「尤度比」Likelihood Ratio，LR という．尤度関数 (p の関数) は確率の関数 (x の関数) の見方を変えたものにすぎないが，尤度 $L(p)$ の大きい p が真に近いという「尤度原理」は確率の式さえ与えられれば直ちに適用できる点で，各方面で現実に非常に有用である．「尤度原理」によるこの検定を「尤度比検定」という．

　ある新薬は従来の医薬より効くと主張されている．従来のものは効くか効かないかは確率 50-50 程度であるが，主張によれば新薬は 60％ の効くチャンスがあるという．医師の指示に従い十分に間隔をあけて 20 回服薬をしたところ 13 回効いた．新薬は効くと判断してよいか．なお，「十分」の基準は 3 倍とする．

1.11　クロスエントロピーと機械学習

　機械学習をきちんと理解したいなら，エントロピー，クロスエントロピー抜きではムリである．尤度原理からすんなり出るが，すぐには必要はない読者は飛ばしてよい．

　画鋲を 10 回(個)ふって，6 回(個)上向き 4 回(個)下向きなら尤度関数

$$L(p)=p^6(1-p)^4 \qquad 0\leq p\leq 1$$

はすぐわかるように $p=0.6$ のとき最大になる(図 1.10)．したがって上向きの確率は $p=0.6$ と推定されるこれを「最尤推定量」という．よって，例えば

$$0.6^6 0.4^4 \,>\, 0.7^6 0.3^4$$

だから，対数をとると

$$6\log 0.6 + 4\log 0.4 \,>\, 6\log 0.7 + 4\log 0.3$$

つまり，一回あたり

$$0.6\log 0.6 + 0.4\log 0.4 \,>\, 0.6\log 0.7 + 0.4\log 0.3$$

あるいは

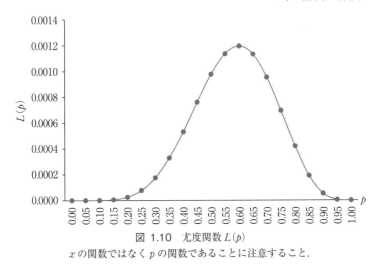

図 1.10 尤度関数 $L(p)$
x の関数ではなく p の関数であることに注意すること.

$$-0.6\log 0.6 - 0.4\log 0.4 \;<\; -0.6\log 0.7 - 0.4\log 0.3$$

となる. この左辺はエントロピーであるが(1.8 節), 右辺は異なる確率が交っており「交叉(差)エントロピー」(クロスエントロピー cross-entropy)と言われる. 一般的には

$$-p\log p - (1-p)\log(1-p) \leqq -p\log q - (1-p)\log(1-q)$$

左辺がエントロピー, 右辺がクロスエントロピーである.

計算をしてみよう. $p = 0.6$ となるべきところを結果として $q = 0.7$ と推定したなら,

クロスエントロピー:$-0.6\log 0.7 - 0.4\log 0.3 = 1.0004$ (ビット)

エントロピー:$-0.6\log 0.6 - 0.4\log 0.4 = 0.9710$ (ビット)

であるから悪い推定ではない. この式の意味するところは

> 機械学習はクロスエントロピーがエントロピーに近づくほど最適になる.

クロスエントロピーは, データの「最小二乗法」に似た働きをし, ニューラルネットや, デシジョン・ツリー(決定木)で, 最適な学習を探す基準に使われている.

1.12　ダーウィン流とメンデル流の合流：統計学の功績

　統計学の太い流れに戻り，本章の目あてとして統計学が情報学へ発展するポテンシャルを持つことを見ていこう．統計学では数字それ自体が意味をもっており，必要なら計算によって明らかにする学問であるから，「情報学」*ということができる．

*「情報学」の構想は鎌谷直之氏による．氏には深甚の謝意を表したい．

　ダーウィン流統計モデル　統計学の歴史が最初生物の計量たとえば親と子の身長の関係への関心から起こってきたことはよく知られている．統計学の数理的な部分の発展は華々しいが，そのベースには生物現象があった．子が親に似る傾向は自然の傾向で，ダーヴィンの『種の起源』以来ゴルトンや K. ピアソンも強い関心を持ち，身長についてその関係式を得てそれを「回帰方程式」と言った．子は親の身長に‘戻って行く’（回帰する）という意味だが，それ以降，全く別分析でも「回帰分析」の名前が定着している．

　メンデル流確率モデル　ところが，「遺伝」といえばメンデル（1822-1884）も多くのデータをとり，よく知られた「メンデルの法則」を見出していた．メンデルの研究はもっとも深く徹底している（表1.10a，b，c）．メンデルのデータにはきわだった特色がある．比率がみなおおむね 3：1 に揃っていた，その背後に‘何か’あるらしいことが推測される．その‘何か’は全く示されていなかった．

　これはダーヴィン–ゴルドン–ピアソンの流れには全く見られない特色であった．この流れはあくまで事実に忠実で，事実を正確に記述しそこにルールがあると考えた．

　それに対して，メンデルの考えは「確率」に近く，現代風にいうと「情報学」の考え方になっている．メンデルの想定したある‘何か’は，読者も見通しのごとく，今日の「遺伝子」gene である（これの全体が「ゲノム」genome である）．メンデルの考え方はたしかに画期的であるが，当時としては‘何か’が説明されなければ，ミステリーでありあるいは‘とっぴ’であったから長い間無視され認められたのは死後 35 年後のことであった．

表 1.10a　メンデルの法則による確率分布

表現型	黄色・丸い	黄色・しわがある	緑色・丸い	緑色・しわがある	計
観 測 度 数	315	101	108	32	556
確　　率	9/16	3/16	3/16	1/16	1
理 論 度 数	312.75	104.25	104.25	34.75	556
両度数の差	2.25	− 3.23	3.75	− 2.75	0

表 1.10b　確率論で説明

色\種子	黄	緑	計
丸	.9/16	.3/16	.3/4
しわ	.3/16	.1/16	.1/4
計	.3/4	.1/4	1

「黄色で丸い」の度数は，メンデルの法則が正しければ，$556 \times (9/16) = 312.75$ となるはずである．観測度数と理論度数の差が重要となる．

表 1.10c　さまざまな形質ごとの優性劣性ごとの分離比

遺伝形質		種子の形	子葉の色	種皮の色	さやの形	さやの色	花のつき方	草丈
P の形質	優性	丸形	黄色	有色	ふくらみ	緑色	葉のつけ根	高い
	劣性	しわ形	緑色	無色	くびれ	黄色	茎の頂	低い
F₁の形質		丸形	黄色	有色	ふくらみ	緑色	葉のつけ根	高い
F₂での分離個体数	優性	5474	6022	705	882	428	651	787
	劣性	1850	2001	224	299	152	207	277
F₂での分離比		2.96:1	3.01:1	3.15:1	2.95:1	2.82:1	3.14:1	2.84:1

　ショウジョウバエの染色体　ついで，唱えられたのは染色体説である．「染色体*」chromosome はすでにかなり前に発見され命名されていたが，折からコロンビア大学の生物学者モルガンは「モデル生物」であるショウジョウバエ（学名 = Drosophila melanogaster）の染色体マップを作り上げ，染色体上のいくつかの場所（座位 locus）ごとに各遺伝子があり，これが元になって目や色や羽根の形など目に見える形（「表現型」という）としてあらわれることを明らかにした．染色体説の確立によってメンデルの法則は実体的に根拠があることがわかったが，今度は‘染色体とは何か’という疑問は残る．

　　*　‘染色体’とは実験用染料で染まるという意味である．chromo = 色，-some = 体．

　DNA とバイオインフォーマティクス　1953 年，それまで「遺伝子」といわれていた‘何か’が何であるか，その化学構造がついに解明された．「DNA」（デオキシリボ核酸）の鎖の「2 重らせん」double helix である．メンデルからほぼ 100 年近い月日が経っていた．「遺伝子」の化学的実体は DNA で，その

長い鎖の各部分が遺伝子として働いている．その DNA 鎖の「ビーズ玉」に相当する構成要素は 4 種の塩基（および糖，リン酸）で構成されるが，ヒトについて構成すべてを読み取るのはその数の大きさから気の遠くなる作業といわれた．しかし，コンピュータパワーの大規模投入と研究の組織化で 2003 年，ついにヒトの 30 億個の塩基配列の読み取り作業が完成した．

　明らかになっているのは，これらの物質構成だけでなく，それが表している生命の全情報であり，それを読み解き利用する学問は「バイオインフォーマティクス」bioinformatics といわれる．'informatics' は「情報学」，それに bio-（生物の，生命の）という前付きコトバがついたものである．ヒト(Homo sapiens)の第 21 染色体上の遺伝子およびその座位の例をあげておこう．遺伝子数(337)は全染色体中最小である．

統計学の成功　最初の時点から統計学は生物の現象とりわけ遺伝に深くかかわっていたが，その後の歴史でもそれは変わらない．モルガン一派の学者は何人ものノーベル医学賞を受賞し，遺伝学に大きな足跡を残したが，多くの価値あるデータを蓄積した．しかし，これらのデータの使い道については理論を持っていなかった．数学に強かったフィッシャーはこのデータを手際よく計算して 3 個の遺伝子の位置を切れ味よく正確に定めた．先に述べた「最尤推定」である．内容の説明には遺伝学の「交叉」crossover や「連鎖」linkage を知る必要があるが（高校の生物のテキストのレベル），フィッシャーによって遺伝学が統計学に進歩と発展の場を与えたことを知っておこう．

表 1.11　ヒト第 21 染色体と遺伝子座位　理科年表(2022)
各染色体(常染色体 22 本と性染色体)上の遺伝子坐位も収録している.

第 21 染色体(遺伝子数＝337 個の一部)		p は短腕，q は長腕
RNR4	リボソーム RNA4	21p12
APP	βアミロイド前駆体タンパク質	21q21.3
SOD1	スーパーオキシドジスムターゼ 1	21q22.11
IFNAR1	インターフェロン α・β 受容体サブユニット 1	21q22.11
AML1	急性骨髄性白血病	21q22.12
HLCS	ホロカルボキシラーゼシンテターゼ	21q22.13
ETS2	ETS がん遺伝子	21q22.2
CBS	シスタチオニン β シンタターゼ	21q22.3
COL6A1	コラーゲン VI 型 α1	21q22.3
CRYAA	クリスタリン αA	21q22.3
CSTB	システイン B	21q22.3
DSCR	ダウン症候群染色体部位	21q22.3
MX1	ミキソウイルス抵抗性 1	21q22.3
S100B	S100 カルシウム結合タンパク質 B	21q22.3

第 1 章　実践力養成問題

1a.1　現在 60 歳の人は平均あと何年生きるか. 男, 女別に平均で答えよ. '現在' とはその
　　　生命表の時点のものとする.

1a.2　人口の増え方について, ダーヴィン(実はマルサス)は何と言っているだろうか. 年率
　　　では何％か.

1a.3　スイートピーの種子の親子の大きさのデータを, 図に習って自分で図示せよ.

ポイント：図原点，近似直線(回帰直線)とその長さ，関係式(回帰方程式)

1a.4 紅白歌合戦の視聴率の図を見て変化の原因は何であると考えるか．あなたの考え方を述よ．

1a.5 『健康食品中毒百科』(丸善，本文にて引用)に次のように述べられている．

　　　—紹介した健康被害事例のほとんどすべては学術論文に論文として発表されたものである．引用した論文数和文 537 編，英文その他 548 編，紹介した事例はこれと同数，合計 1000 件を越す．取り上げた生物の学名は植物だけでも 172 種類にのぼるが，そのほとんどは健康被害［死亡を含む，引用者］の原因になっている．

　　　健康食品の現状は，交通事故の多い道路と車の往来に注意を払うことなく横断しているのに似ている．事故が多いが，副作用がないと信じているから，交通事故と違いその場で気が付かない．そのため，医療品ならすぐに気が付く軽い副作用が見逃され，被害が深刻化している—

　　　この記述から導かれる一般人の注意を一つあげよ．

1a.6 最高裁判所裁判官国民審査について次の 2 つの考え方がある．

　　ⅰ）罷免すべきとする者に×を付ける方式(現方式)

　　ⅱ）罷免しなくてよい者に○を付ける方式

　　なお，ⅰ）においては○は無効，ⅱ）においては×は無効とする．ⅰ），ⅱ）に対して，合計数や割合につきどのような考え方の違いが出るか．

1a.7 次の投票方式を比べよ．

　　ⅰ）企業の株主総会において，株主は 1 人 1 票でなく持ち株数に比例した投票権をもつ．

　　ⅱ）議員など国勢の代表者を決める投票では，1 人が 1 票をもつ．

　　ⅲ）ⅱ）において，納税額に比例した投票権を持つ．

1b.1 遺伝暗号(DNA)の写しである RNA は 4 種類の塩基 A,C,G,U からできている．これらの塩基 3 個 1 組で 1 つのアミノ酸が指定され，これらさまざまなアミノ酸が元になってタンパク質が生成される．次の問に答えよ．

　　ⅰ）何通りのアミノ酸の指定が可能か．

　　ⅱ）ⅰ）の指定を 0,1 符号で表わすためには何ビット必要か．

1b.2 ⅰ）ある‘宇宙語’の言語では ¦○，×，△，□¦ の 4 文字が使われている．その使われ方の精度(確率)は

○	×	△	□
1/2	1/4	1/8	1/8

である．この言語のエントロピーは何ビットか．

ⅱ）地球人は宇宙語が解読できずすべてを全く等しい確率と見なしていた．このミスのクロス・エントロピーは何ビットか．

2章

データを集める：DO'S と DON'T'S

物に本末あり，事に終始あり，先後する所を知れば則ち道に近し(朱子)

2.1　してはならないこと：Don't's

　最近「統計の倫理」がよく注目されているが，むしろ，「ウソをいってはならない」という「人間の倫理」である．もともと統計学は，誰であっても公正で開かれた平易な方法でできるだけ客観的で偏らない真実に達するように作られてきた．統計学自体が「統計の倫理」である．それを守るのは「人間の倫理」しかない．これを悪用する者など予定していない．統計学の適用が社会に向けられるようになっても，もっぱら使う人間次第に任されているのである．統計学は単なる計算法ではなく，'本来' という目的の考え方が入っている．

　もともと「本来すべき」あるいは「すべきでない」の境目はあいまいであり，少ない禁止項目以外の広い分野は許されるのだろうか．自由な経済活動は社会の発展の基礎であり，そこはよくいえば柔軟，悪くいえば灰色である．では，高技術で株価を操作し利益をあげる行為をどうするか．これはやっかいである．公的統計のデータ数字を改ざんすることはどうか．統計の倫理以前でそもそも「統計」でさえなく，想像もできなかった行為である．

　統計不正　最近とみに問題化している統計の不正な書き換えは，当事者および社会両法の「統計」に対する理解の不足，それを背景として当事者の良心の罪の意識のなさ，制度の不十分など広範囲の原因から起こっていて思いのほか根が深い．竹内啓初代統計委員会委員長の新聞談話を紹介する．

　　　──私は常々こう訴えてきた．太平洋戦争中の日本は統計数値を隠蔽した結果，どれが本当の数値かわからなくなり，国が全体状況を把握できないまま，敗戦に至った．

　今回の問題では，建築業の受注実態を表す国の基幹統計が書き換えられた．提出期限に間に合わない建設業者分を推定値で計上することはありうるが，推定値だと明らかにし，後でまとめて提出された分より数値を修正したり，推定値との差を勘案すれば済む話だ．それを二重計上というのは，あまりに「素人」的な誤りだ．（中略）

　専門性の不足はモラルの低下を生み，数値の書き換えの罪の意識を持たずに実行することにもつながる．いい加減な数値に基づく統計は，政策を立案する側が都合のいいように利用することさえありうる．そのようにして実現した政策は実態と異なり，国民に与える悪影響は計り知れない．——統計だから真実だという前に真実だから「統計」なのである．不正に変えた数字は統計ではなく，似て非なる無意味数字の羅列にすぎない．「素人」にはそこが理解できない．重大なことである．

　高技術によって社会の信認を裏切る行為　銀行系の A 証券会社は役員クラスの多くが親会社の出身で，営業成績を挙げることを至上命令と考えていた．出身は法・文系が多く，ことに統計リテラシーの素養に乏しかった．上位者に現場を監督し行き過ぎをチェックするだけの理解能力はなかった．法令上の監督権限や社内倫理規則は形式的で，CSR（企業の社会責任）も対株主が正面であり，社会をだます行為には法の網は粗い．違法あるいはすれすれでも企業に利益をもたらす取引は業績本位の社内では大目に見られ，とりわけ高度なら発見もされず，実行者は社内で内部昇進し役員も黙認するほかない．通り一辺倒のデジタル社会の「倫理」は十分でなく，高度の専門知識を駆使して社会の信認を裏切る行為については，社会自体が新しい義務の「法」を用意する必要がある．「信認義務」fiduciary duty はそれである．

　データの起源ととられた事情　「統計の倫理」というよりも「人間の倫理」さらにいえば人間としての「教養」の問題である．鉄道事故，航空機事故，海難事故では多数の不慮の犠牲者が出る．偶然で各自の生死の運命が分かれる．決定的瞬間における壮絶な人間関係もまさに想像に絶するものがある．

　1955 年，当時本州四国間の宇高連絡船「紫雲丸」が海上衝突し多数の修学旅行生が海に沈んだ事故で，安全な位置にいた船上の船客が海面で必死の女学生たちにカメラのレンズを向け撮影した事件があり，当時轟轟たる非難が寄せ

表 2.1　タイタニック号の乗員と犠牲者数(一部)

年齢　性別	等級	乗船数	救出	死亡	救出率	死亡率
未成年	一等	6	5	1	83%	17%
	二等	24	24	0	100%	0%
	三等	79	27	52	34%	66%
女性	一等	144	140	4	97%	3%
	二等	93	80	13	86%	14%

(以下略)

られた．また，御巣鷹山の日航機墜落事故現場に登る途中の山道には「決して
気軽な見学気分で来ないで下さい．お願いします」という立札が立っている．
人の命はそれぞれの人の命であって，特段の事情がある場合以外は興味本位の
統計分析を差し向ける対象ではない．

　似た状況がある．最近，'タイタニック号の犠牲者の分析'（データサイエン
ス）がある（表2.1）．いろいろなカテゴリーごとに生存率を分析し，'助かった
理由''助からなかった理由'を挙げる分析がKaggleのコンペになっている．
だが，分析そのものがナンセンス以外の何物でもない．この大事故の事情を少
しでも奥深く調べたのだろうか，事の真相は全く別の所にある．限られた数の
救命ボートに乗れる船客は限られていた．船長以下の極限的決断によって順序
が付けられ，大むね阿鼻叫喚の混乱なく奇蹟に近い終わり方をした．そうでな
ければ女性と子供の多くが助かり，ほとんどの男性が海底に沈む結果となるは
ずがない．ふつうなら逆になることは教養ある人間ならわかるだろう．

　くりかえすが，データは単なる数字の羅列ではなく，由来，とられ方，その
事情があり，関係者を思えば控える場合もある．スキルを磨くためなら，デー
タ（表2.1）さえあれば何でも計算にとびかかるものではない．

　暗数（あんすう）　ここまでは分析者の態度の関わる問題点を挙げたが，ここ
より先は分析そのものについて注意すべき点がある．

　「暗数」といっても今まで聞いたことのない人がほとんどであろう．英語で
は'Dark Number'といい，犯罪統計の言葉である．犯罪のない社会が理想
であるが，現実には犯罪現象があり，人々の生命，安全，幸福な生活に大きな

関わりがあるので，その統計が何通りも作成され公開されている．ところで，犯罪はそもそも隠れて行われるから（これを「密行性」という）すべてを数え上げることはできない．犯罪を報道する側，それをうける側も注意すべきであろう．むしろ，報道の受け取り方の問題がある．

　まず「犯罪」crime とは何か．一つには‘社会が犯罪と認める行為’すべてを指すという考え方がある．しかし，たとえば戦前（第二次世界大戦前）の日本では天皇に対する「不敬罪」が定められていたが，戦後は廃止された．もう一つは‘発覚された行為’とする考え方もある．これは治安の指標として施策を考える場合に現実に有用である．いずれにせよ，発覚されていない犯罪は数え

表 2.2　暗数（発見されなかった犯罪の件数）

罪　　　　種	実際発生件数 （推 計 値）A	犯罪統計の 認知件数 B	暗　　　数 C（＝A－B）
刑 法 犯 総 数	2,104,450	1,026,283	1,078,167
窃　　　　　　盗	1,501,725	826,249	675,476
侵 入 窃 盗（1）	580,832	253,882	326,950
空 巣 ね ら い	325,364	186,425	138,939
忍 び 込 み	109,580	46,732	62,848
い　あ　き	145,822	20,725	125,097
侵 入 窃 盗（2）	99,615	60,635	38,980
非 侵 入 窃 盗	821,835	511,732	310,103
詐　　　　　　欺	154,071	45,815	108,256
恐　　　　　　喝	60,453	17,913	42,540
横　　　　　　領	28,448	5,743	22,705
損　　　　　　壊	131,380	4,984	126,396
暴 行 障 害	149,380	87,526	61,854
暴　　　　　行	71,925	33,134	38,791
障　　　　　害	77,454	54,392	23,062
住 居 侵 入	46,559	8,943	37,616
そ　の　他	31,525	29,110	2,415

注：「犯罪統計上の認知件数」は，昭和 44 年 6 月から 12 月までの間における認
　　知件数について調査した個人被害犯罪の比率に基づき，昭和 44 年中の件数を
　　推計したものである．

ようがない．結局は警察が把握した犯罪数，犯罪認知件数を使うほかない．そこで本当にあった数を「実数」と呼び，発覚しなかったものを「暗数」と呼んでいる．この考え方からはややもすれば，警察官の数が多い（少ない）と犯罪の件数は多く（少なく）なる傾向，統計的には正の相関関係があることになるが，この言い方は誤解の元になるだろう（表2.2参照）．

　たとえば，殺人・強盗殺人など重大な犯罪の暗数はきわめて小さいものと考えられるが，賭博，賄賂のような特定の被害者のない犯罪はもとより，財産犯など特定の被害表のある犯罪についても相当の暗数があるであろうことは否定できない．その暗数も被害者の届出率の変化や未届けの余罪に対する警察の捜査方針などによって大きく増減する．統計として

　　　A ＝ 実際発生件数推定値（社会調査），B ＝ 犯罪統計の認知数，

　　　C ＝ 暗数（A-B）

とすれば，重要なのは，認知件数の何倍が発覚していないのか

　　　暗数率（%）＝ C/B

である．半世紀以上前のすでに歴史に属する資料として暗数率のデータがある．ただし，現在は当時とはちがい大きな事情の変化があるものの，ことがらの性質上暗数の計算は控えたが，犯罪と戦う当事者の苦労の跡が見える．

2.2　すべきこと：Do's

　原因と結果を正しく　『ビックデータの正体』という本があり，その中に「因果から相関の世界へ」という章がある．因果とは原因と結果の関係，つまりは理由のことであるが，相関は表を見ると（あるいは計算してみると）量的にそうなっている，ということだけで，理由以前である．本書は'答えが分かれば理由はいらない'とし，ウォールマートの成功例を挙げている．もちろん成功したからである．

　そのようなわけで因果関係は冬の時代である．だからと言って重要であることは何ら変わらない．因果関係を知らない人は表2.3をどう見るだろうか．これはある疫病を原因として，結果である病状の出方の確率（割合%）である．こ

の症状があるからこの疫病という方向で見るものではない．よけいな心配ある
いは重要な見逃しのもとになる誤解である．とかく人は原因をさがしたがるも
のである．もし原因を探求するなら，ベイズ統計学(第6章)を勧める．

表 2.3　食道がんの症状(1974)
結果のデータであって原因のデータではない．

症　　　例	症状数	(%)
な　し	15	(1.9)
胸痛・胸骨後痛	73	(9.2)
つかえ感，狭窄感	319	(40.1)
異物感，異常感	37	(4.7)
嚥下困難	281	(35.4)
嘔気・嘔吐	11	(1.4)
食欲不振	5	(0.6)
るいそう	2	(0.3)
その他	40	(5.0)
不　明	11	(1.4)
計	794	(100.0)

全国食道がん登録調査報告(国立がんセンター)

オーバーフィッティングに注意　理論にデータがフィットすることは研究の
勝利であることは多い．しかし，フィットがあまりに良い，良すぎることは研
究全体に疑念を呼び起こしかねず，歴史上の大家の研究成果でさえそれはまぬ
がれない．結果的に理論の正しさはゆるがず研究したとしても，疑いは晴れな
いケースも多い．
　メンデルの独立の法則は，雑種の表現型が9：3：3：1であることを主張し
ている．採取されたサンプルは315，101，108，32で最大ズレでも3.75であ
る(表2.4)．フィットの誤差の許容基準である適合度のχ^2(カイ二乗)＝0.470
で，限界値7.815(自由度＝3)から見て極端に小さい．後にこれを疑い精査した
のは統計学者フィッシャーである．また採取段階の事情を調べた学者もいる．
メンデルの法則は発表後40年近くも後，メンデルの死後認められたことも無

関係でないかも知れない．科学の先進国でもこのようなことが珍しくなかった段階があるが，現代においても研究の倫理の問題は問われている．意識しなければ，研究者は倫理では決して'聖人'ではなく，ふつうの市民レベルである．

表 2.4　メンデルの法則におけるオーバーフィット（表 1.10a 再掲）

メンデルの法則による確率分布

表現型	黄色・丸い	黄色・しわがある	緑色・丸い	緑色・しわがある	計
観 測 度 数	315	101	108	32	556
確　　　率	9/16	3/16	3/16	1/16	1
理 論 度 数	312.75	104.25	104.25	34.75	556
両度数の差	2.25	−3.23	3.75	−2.75	0

「黄色で丸い」の度数は、メンデルの法則が正しければ、556 × (9/16) = 312.75 となるはずである。観測度数と理論度数の差が重要となる。

　AI や機械学習の時代の今日，分析プログラム自体オーバーフィットになる傾向がある．ことに，ニューラル・ネットワークはオーバーフィットのチェック機能がついている．すなわちデータを 8：2（例えば）に分け

　　80％（A_1）で分析

　　20％（A_2）でオーバーフィット検出（クロスバリデーション）

で，A_1 の結果を A_2 でチェックするのである．A_1 にオーバーフィットすると同種の A_2 にフィットしないから，オーバーフィットが検出される．

　サンプル数はほどほどに　多少統計学を心得ていれば，結論於正確さはサンプル数（n）が大きいほどよいと知っている．ことに最近はコンピュータ内にたやすく数万，数十万のデータが蓄積されるから，サンプル数の課題から解放された気持ちになる．後で挙げる『ビックデータの正体』も「すべてのデータを扱う」ことを勧めているが，それは条件次第でデータの出所，扱い方，結論の出し方さえよければ望ましいことである．

　しかし，サンプル数が大きすぎることにも問題がある．気づかずに分析しているケースは多い．例えば，2 つのデータを比べてみよう．あるテキストに載っている米国中部の農地利用形態の 2 次元クロス表（分割表）が左側，右側はそ

れを 10 倍したデータである（表 2.5）．

表 2.5　過大なサンプル数の注意点

a　元データ	所有	賃貸	混合	
I	36	67	49	152
II	31	60	49	140
III	58	87	80	225
	125	214	178	517

b　仮データ 10 倍	所有	賃貸	混合	
I	360	670	490	1520
II	310	600	490	1400
III	580	870	800	2250
	1250	2140	1780	5170

c　％表示	所有	賃貸	混合	
I	6.96	12.96	9.48	29.40
II	6.00	11.61	9.48	27.08
III	11.22	16.83	15.47	43.52
	24.18	41.39	34.43	100.00

　両データとも割合（％）は同じである（c）．左側データ（a）からは無関連なのに（$\chi^2 = 1.54$），右側データ（b）では関連が出る（$\chi^2 = 15.4$）．結論がデータの大きさや場合によっては研究費用次第で常に一方向（有意）だけに偏ることは公正ではない．統計学は，単に時と場合にかかわらない万能を求めず，現実に触れ難しい問題を適切な方法で解決してきた「くろうと」の学問である．

　割合（％）だけを扱ってサンプル数に無関心な分析者は予想が外れて困惑する．多くの場合，サンプル数が大きいビックデータをよく調べないで取り込むと，関連が次々と有意になるが，それはデータが大きいからであって，原因とは別である．もとのデータのとられ方や内容に戻ることを勧めたい．サンプル数を表示しないのはルール違反である．

　「誤差」や有効数字の意味　国会の委員会で「誤差」を‘誤り’とカンチガイする議員からお役人が追及された笑い話もある（英語でも error）．温度計で温度を測っても正確さには目盛りの限度があるから誤差は避けられない．顕微鏡で細かく見ればどうなるか．それでも顕微鏡なりの誤差はある．この議論をつづければ，誤差は本来的な現象でそもそも避けることができない．「誤」は‘まちがい’というわけではない．

　コロナ感染者数でも何十億人を 1 の桁まで並べて‘正確’と考え，誤差を容認しない人がいる．人間社会の方が自然よりも捉え難く不確実性があるのに，これは奇妙である．上位の何桁かで関心の対象や検挙の保障がある数字を「有効数字」という．日本の人口は‘1 億 2400 万人’の上 3 桁が有効数字であり，

その下位は述べる特段の理由がない．政策の数量議論も有効数字だけで十分可能である．

怖い多重共線（'マルチコ'） 'タジュウキョウセン'ということばを回帰分析ではよく聞く．統計分析の Don't もここまでくれば一応は'よくここまで来ました'を言いたいところではあるが，回帰分析は奥が深い．さしあたりエクセルで出力される結果数字が理解できることが目標だが，'百歩の道も九十歩が半ば'という，九十一歩目あたりがこの多重共線である．解決法だけでも一章要るし，その先は機械学習にも通じている(Lasso)．

多重共線(Multicollinearity)とは重回帰分析において，説明変数 X としてたがいに相関関係の高い変数 X_1, X_2 を選択するとき，分析結果の信頼性に「？」がつくことである．しかも，おおむね説明変数にあれもこれも入れたい勢いがあるから用心が必要である．

こんな分析計画はどうだろう．短距離走のタイム Y を身長 X_1 から回帰分析で説明したい．ふとそれなら下半身のかかわりで座高 X_2 も入れるのはいいアイデア，と思いついた．実は結論は意外にもノーである．なぜなら，身長と座高は相当に相関が高く一方から他方が容易に出るから，実質はほとんど同じ変数になる．他方，コンピュータは(別の列に入っているから)異なった変数と見なし，プログラムの中で数学で唯一絶対禁止とされる'0で割る'操作に突き進んでしまい，エラーを起こすかその寸前の「狂った」ような結果を返す．回帰係数は＋のはずなのに－が出る，あるいは予想とは何百，何千倍も異なる結果，異常な t 値を返すなど，思いがけなくデータの選択し直し，分析の再考に追い込まれる．もっと危険なのはこの問題結果に気付かないことである．

たとえば表 2.6a(ウェブ上)で輸入(IMPORT)を国内総生産(DOPROD)や消費(CONSUM)など 3 変数で説明したいが，これら 2 変数に相関係数は極端に高いものがあり(0.9989)，分析に多重共線性が疑われる．多重共線は単純に現れるときはすぐ相関係数から発見できるが，x が何通りにも入る場合には複雑で起こっている多重共線が見逃され，誤った解釈結果もウノミにされかねない．多重共線の発見法，その対応法はとてもここでは論じ切れない．この場合を主成分分析で避けるのが一つである．　　　　　　　🗙 🗙 🗙 表 2.6a

ファミレスで「共線」というからには幾何学的なものが想像されるが，その通りである．平面で 2

表 2.6b　多重共線性が疑われる相関係数

	IMPORT	DOPROD	STOCK	CONSUM
IMPORT	1			
DOPROD	0.9842	1		
STOCK	0.2659	0.2154	1	
CONSUM	0.9848	0.9989	0.2137	1

参考『松原望 統計学』東京図書 p.192

点を通る直線は必ず一本あり，かつ一本に限られる．三次元空間ならどうなるか．空間の3点を通る平面は必ず一通りありかつ一通りに限るか．答えは NO である．3点がある共通の直線状にあれば(共線)NO である．ファミレスのウエイターは大きなお皿をしたから指三本で支えているが，指三本はきちんと開いている．指三本が直線状に乗っては支えられないし，そうでなくとも開き方が足りなければ，'共線' となり，お皿は不安定になり，その線軸にグラグラと回ってひっくり返る．この例えは「共線」の原理的イメージであり，統計データでは相関関係が±1 に近いことが共線に相当している．

　交絡，交互作用，実験計画　これもむずかしそうなコトバだが本当はそれだけ重要(あるいは重大)で，ウッカリすると大事に至ることがある．こういうことは実際には起こっていないが，あってもおかしくないことで説明しよう．

うっかり大ミステイク　　　　アラー

　ある病院では新薬(安全確認済み)を採用して治療実績を広めたかった．新薬と従来薬(比較対照のため)を患者に服用して治療効果を分析することとした．そこで午前中には従来薬，午後には新薬を処方した．

　あとでわかったことだが，この病院は午前中は入院患者，午後には外来患者を受け入れ診断，診察していた．

　これでは薬剤の効果と重篤度の差(入院患者の方が重篤)が分けられずに交じって入り込み，(当患者の)統計学上の大失敗である．この場合，患者の所見に対する薬剤の効果と重篤度が「交絡」しているという．これはあってはならない初歩的なミステイクだが，それはわかっているからそういえるだけである．ひそんだ交絡の要因がわからないまま影響しているかもしれない．それをあらかじめ防ぐために，新薬と従来薬の与え方を基準に従わずに確率的にランダム

に行う方式がとられている．プロは大変だと思うだろうか．しかしちょっと考えれば，シロウトでも常識でわかる範囲ではないだろうか．同種のことは広くある．

　ある農園経営者は

$$作物収重＝土壌（畑）の効果＋肥料の効果$$

と考えていた．そこで肥料の種類を色々と試し，また生育する畑もいろいろと変えてみたが，期待した収量は上らなかった．なぜだろうか．

　ある大手塾経営者は

$$教育効果＝塾講師能力の効果＋塾の教育設備の効果$$

と考えていた．そこで優秀な塾講師を何人か雇用し，また教育設備もお金をかけ改修してみたが，期待していたほどの教育効果は出なかった．なぜだろうか．

　もちろん，事情は複雑であるが，統計学的に共通な要素がありそうである．それはここで単純に '＋'（足し算）としたところにある．

　　いい肥料はどの土壌にも等しく良く効く

　　いい土壌ではどの肥料でも等しく良く生育する

と考えていないか．

　　いい塾講師はどのような設備で等しく良い教え方になる

　　いい設備ならどのような塾講師も効果をあげられる

と考えていないか．

　収量に対し肥料と土壌の特別の分けられない結びつき（良いあるいは悪い）や塾講師と設備の特別の結びつき（得手，不得手）があることを忘れていないか．統計学では二つ以上の原因（要因）が交わって作用することを「交互作用」（インタラクション，interaction）という．交互作用は無視できない（有意である）ことも無視できる（有意でない）こともある．人間や社会に関わる文学（心理，教育，社会心理，看護など）では有意であるといわれ，細心の注意が必要である．交互作用はふつう

$$土壌×肥料，　塾講師×設備$$

のように記号×で表されるから，この掛算が3番目に加わり

作物収重＝土壌(畑)の効果＋肥料の効果＋土壌×肥料,

塾教育効果＝塾講師能力の効果＋塾の教育設備の効果＋講師×設備

になる.

交互作用はむずかしそうであるが，本質はわかりやすい．かっこで，土壌，肥料の組合せを

A(旧，旧)，B(新，旧)，C(旧，新)，D(新，新)

と表わすと，肥料の効果は旧土壌では $\overline{AC}$，新土壌では $\overline{BD}$ で，図2.1の左図(交互作用なし)では $\overline{AC}=\overline{BD}$ で土壌に影響されていない．右図では並行ではなく向きも逆転して交叉し，肥料の効果が土壌により悪く影響されている．なお，$\overline{BD}>\overline{AC}$ の場合は，よく影響され交互作用が良い場合である．交互作用は「分散分析」で検出されるが計画的にデータをとる必要があるので，進んだテキストを見てほしい．エクセルにも分析ツールがある．

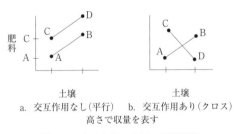

a. 交互作用なし(平行)　　b. 交互作用あり(クロス)

高さで収量を表す

図 2.1　交互作用の有無の図的理解

実験はあらかじめ計画的に　最良の効果を挙げるには実験する前の計画(デザイン)の段階から統計学的に考える．この理論は「実験計画法」といわれ，特にそのためのデータの分析法として「分散分析」がある．ことに心理，教育，医学，看護，工学の分野ではなくてはならない方法である．

心理研究の例として，記憶検査を取り上げる(表2.7)．刺激の提示は3因子，各2水準で構成され

L(回数)：　1回提示　vs　2回提示

M(方法)：　スライド　vs　レコーダー

N(再生時間)： 直後再生 vs 1時間後再生

条件組み合わせは $2^3 = 8$ 通りで，それぞれ被験者 10 人，計 80 人を割りあてる．データは再生数で，これを分散分析三元配置法で分析する（エクセルは 2 元配置法まで）．交互作用は 2 因子の 3 通り L×M, L×N, M×N，また 3 因子交互作用 L×M×N もありうる．もちろん，まず目指した単独での効果（主効果という）として L，M，N の 3 通りがある．データは略すが，表 2.7 の分散分析表から次の結果が得られる．

1. 主効果はいずれも有意で L＞N＞M の順（提示回数が大きく効く）．
2. 交互作用は N（再生時間）の入る 2 因子の L×N, M×N だけが有意，3 因子交互作用はない．再生時間と提示回数の特定の組み合わせの影響がある（など）．

このように，実験計画法と分散分析は大変強力なデータ分析のツールであるから，余裕のあるときに学んでおくことをお勧めする．

表 2.7　因子数が多い場合の交互作用
記憶検査データの分散分析（LMN の三元配置）

変動原因	変動	自由度	不偏分散	F
主効果				
回数(L)	9,309.6	1	9,309.6	105.07
方法(M)	2,656.5	1	2,656.5	29.98
時間(N)	5,695.3	1	5,695.3	64.28
2因子交互作用				
回数×方法(L×M)	27.6	1	27.6	0.31
回数×時間(L×N)	1,336.6	1	1,336.6	15.09
方法×時間(M×N)	374.1	1	374.1	4.22
3因子交互作用(L×M×N)				
回数×方法×時間	108.2	1	108.2	1.22
誤差	6,378.1	72	88.6	—
計	25,886.0	79		

注：エクセルには三元以上の分散分析法は備えられていない．

外れ値(アウトライアー)の扱い　やっかいな問題であり，データの中で，1件(場合によっては2件)だけ外へ飛び出す数値を「外れ値」(アウトライアー，outlier)という除外するかしないかで統計量が大きく変化することはいうまでもない，例えば，

25，28，23，**45**，19

において45を除外しないかするかで平均はそれぞれ28.0，23.75と大きく異なり，この違いが結論を左右するかも知れない．正しい方法を先出す責任があると考えるのが統計学の立場である．最初からデータを取った人の所為にするということはない．

　企業Xは住民から公害の排出責任を問われていた．データが双方から出されたが，そのデータの中の一人の住民Aさんは妊産婦であった．Aさんの症状は重くデータのなかで一人だけ飛び離れていた．Aさんは特殊ケースとして除外すべきであろうか，あるいはたまたま出た同じグループの大きい値であろうか．

　してはならないのは，十分な理由がないのに外れ値を除外し(あるいはしないで)分析して望んだ結果を出すことである．これを‘統計のウソ’と断言することはできないにしても，倫理的に限りなくそれに近い．元データを明らかにすべきであるが，それは当事者の下にあって望めないケースもある．データの時代を迎えて考えるべき大きな課題である．

AI時代，図(グラフ)もエビデンスに　多くの場合，図は理論の理解としての役割があり，単なる‘アクセサリー’ではない．イラストのように考え，功名心から行き過ぎた劇的効果を狙うことは真実を曲げる可能性がある．イラストレーターも統計学を学ぶ必要がある．RやPythonはかなり高度なテクニックを備えているが，その場合も本文と図表現のつながりがキチンとしていなくてはならない．‘ビッグデータ’も大きなboxではない．中を見ないで操作することは非常に危ない．

　図にする可視化が最も効果的な役割を果たすのは相関関係のエクセルによる図法である．相関関係の強調はデータサイエンスの特徴であるだけに，相関係

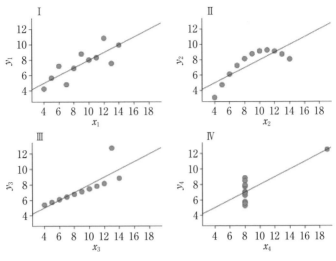

図 2.2　アンスコムデータの散布図（まったく様子は異なる）

表 2.8　アンスコムのデータ（相関係数はすべて $r=0.816$）

I		II		III		IV	
x	y	x	y	x	y	x	y
10	8.04	10	9.14	10	7.46	8	6.58
8	6.95	8	8.14	8	6.77	8	5.76
13	7.58	13	8.74	13	12.74	8	7.71
9	8.81	9	8.77	9	7.11	8	8.84
11	8.33	11	9.26	11	7.81	8	8.47
14	9.96	14	8.1	14	8.84	8	7.04
6	7.24	6	6.13	6	6.08	8	5.25
4	4.26	4	3.1	4	5.39	19	12.5
12	10.84	12	9.13	12	8.15	8	5.56
7	4.82	7	7.26	7	6.42	8	7.91
5	5.68	5	4.74	5	5.73	8	6.89

数の計算（表2.8）だけにとどまらず，相関図（散布図）をも見ることも不可欠である（図2.2）．場合によっては外れ値があることの発見も図表からできることもある．図はすべて相関係数が $r = 0.816$ の場合であり，相関係数だけでは本当のことはわからないことの例である．落ち着いてしっかりと図を見て確かめる態度が重要である．

第2章　実践力養成問題

2.1　暗数データから，いあき，横領，住居侵入の暗数率を計算しなさい．

2.2　次の統計的まとめ方のどこが問題か．
　ⅰ）大学生の住居が男性・女性の性別と自宅・借屋（室）の間で関連があるかについて，20人に対して統計データをとった．関連がなかったので，100人にサンプルを増やしたところ関連があった．もともと関連があることを示したかったから，100人の場合を分析の報告とした．
　ⅱ）企業の売上高をある税の課税額の相関係数は0.02であったので，関連があると考えて売上高によって課税することに合理性がある．

2.3　次の考え方のどこが問題か．
　上司「自分は専門家でないので，分析の説明を聞いてもわからず，まかせてある．」
　部下「自分は専門から計算しただけである．意味や結論については範囲外で，上司の役割だから，説明の必要はない．権限のある上司がしっかりすべきである．」

2.4　コメントしなさい．
　切符の自動販売機は，お金と目的地を入れれば，何も考えることなく自動的に切符を出してくれる．したがって
　ⅰ）統計学においてもデータは同様の働きをしている．
　ⅱ）「人工知能」（AI）といわれるものも同様である．

3章

多変量も時系列も怖くない

ゆえに実体は無限なものとして存在する．Q.E.D.(スピノザ).

3.1 自動車運転免許でいえば

統計学を習いたてのころは一つの変量(変数も同じ)，たとえば身長や所得，テストの点数，血圧などについていろいろと基本をまなんだ．確率の基本や確率分布，ことに正規分布も知る．平均，分散，標準偏差から始まって，統計学とは何かがわかり始めるが，自動車運転免許でいえば「学科」である．ついで，相関係数，相関関係，クロス表，回帰分析など2変量も入ってくると同時に，母集団の推定(有意性の検定とまとめられる)もいちおうわかって，ようやく「コース」へ出る．分散分析などやる余裕があるかもしれない．

これで車は動くのだから終わりそうだが，「路上」(実地)はまた別である．全然習っていない現実の場面も出現するのだが，とにかくこの「無限」に対応しなければならない．これが「多変量」や，別分野だが「時系列」の分析である．さいわい世の中にはツールがあふれ「スキル」を磨けばいいという人もいるが，やはり免許はとりたいので，そこは最低限はきちんとしておきたい．そうして最終の路上試験に合格して教習所を卒業できる．

多変量解析と時系列分析は，いずれも大データを扱うが，扱い方から二つのパートにわけたので，それぞれ別個に読める．まず，多変量解析から始める．機械学習の時代，再び脚光を浴びている．

3.2　主成分分析で特徴をつかむ：多変量解析事始め

建物の用途別土地利用の特徴　表 3.1 は，東京都の土地利用に関する調査
で，各区での建物の用途別(官公庁，学校を始め教育・文化・医療施設：教・
文・医，水道・ガスやごみ処理施設などの供給処理施設，住宅施設など 10 項
目に分類)にその延べ面積を割合で表している．なお，土地利用に関する調査
は(用途別建物集積度(密度)の算出を始め)，地域のさまざまな土地利用に関す
る実態把握とその変化を探るため，東京以外の全国各地域で行われている調査
である．

この 23 区ごとのデータから，東京都全体としてどのような特徴があるか表
すために，建物の用途別分類の 10 項目(変数という)に注目し，このデータが
持っている情報をできるだけ要約し少数の変数に統合していくために主成分分

表 3.1　東京都(23 区別)の用途別・建物の延べ面積比率

区	官公庁	教・文・医	供給処理	事務所	商業	宿泊遊興	独立住宅	集合住宅	工場	倉庫
千代田	10.4	9.5	0.1	60.9	4.1	5.6	0.8	7.2	0.2	1.2
中央	2.4	3.4	1.5	57.7	10.4	2.8	1.5	15.9	0.9	3.5
港	2.8	6.8	1.0	43.1	7.7	7.5	3.7	23.1	1.0	3.3
新宿	2.1	10.7	0.5	26.7	11.0	7.4	10.7	28.2	1.9	0.8
文京	2.0	17.7	0.4	16.0	8.8	5.3	16.2	29.8	2.7	1.1
台東	1.5	9.4	0.8	24.6	20.5	4.3	20.1	11.8	4.5	2.5
墨田	0.9	7.5	0.8	10.2	17.0	2.7	13.7	30.5	14.0	2.7
江東	1.9	5.0	2.4	12.3	9.2	1.8	7.3	38.0	6.0	16.6
品川	0.9	7.1	1.2	16.7	9.5	2.4	15.5	32.8	6.9	7.0
目黒	0.9	10.1	0.3	9.0	10.6	2.7	26.9	36.3	2.5	0.7
大田	0.7	5.9	2.2	6.0	9.0	1.3	23.4	29.9	10.3	11.3
世田谷	0.6	9.1	0.5	4.2	9.2	0.7	37.4	36.3	1.0	1.0
渋谷	1.1	9.6	0.2	25.5	18.6	4.8	12.2	26.8	0.6	0.7
中野	1.1	7.2	0.1	6.0	9.4	1.1	27.4	46.0	0.9	0.9
杉並	0.9	7.7	0.2	3.8	9.3	0.7	40.8	35.2	1.0	0.7
豊島	1.1	9.0	0.3	15.3	14.8	4.2	18.9	34.2	1.3	0.9
北	1.1	8.4	0.4	5.1	10.8	0.8	23.1	40.7	6.7	2.9
荒川	0.9	7.0	1.7	6.2	13.5	1.6	20.8	33.8	10.9	3.6
板橋	0.6	7.7	0.8	3.5	10.7	0.7	22.1	41.8	8.5	3.6
練馬	0.6	5.7	0.3	2.0	10.7	0.7	40.4	35.8	1.9	1.3
足立	0.6	6.4	1.2	2.8	10.7	1.2	28.8	34.7	8.1	5.5
葛飾	1.5	6.7	1.9	2.9	11.1	1.0	30.7	32.4	9.2	2.6
江戸川	0.5	6.2	1.3	3.3	9.0	1.0	26.5	40.5	7.9	3.8

析(Principal Component Analysis：PCA)を用いよう.

主成分分析とは 主成分分析は，測定されている多数の項目(変数)が持つ情報をできるだけ減らすことなく比較的少ない要素(主成分 principal components)に要約整理して，現象の理解のイメージを得ることを目的としている．そのために測定されている多数の変数を組み合わせて新しい変数を合成し，データの主な特徴を的確に表現できるようにする．この合成変数 f が「主成分」である．ちょうど，5科目試験の点数をウェイトを付けて単一指標にまとめあげ，「総合得点」「基本能力」と云っていることをイメージするとよい．この最適なウェイトを探すのがPCAである．したがって回帰分析のようにあるターゲットを云い当てるのではなく，機械学習のいわゆる「教師なし」の代表的な方法である．

この「成分」(component)はもとは創始者による化学用語であり，「主」principal がつくのは，比較的有力ないくつかの成分が実際には分析対象になるからである．この方法は，現代数理統計学の始まりと同時代の古典的な方法(K.Pearson, 1901, H.Hotelling, 1930)に属するが，現在も多変量データの情報要約法としてその有用性は衰えない．むしろ，機械学習時代の基礎的統計分析の方法としては意義は増しているといえる．

イメージ 主成分分析の計算は数学的でわかりにくい面がある．数学と国語のテストの点の例で示す．表3.2 に 10 人の数学 x，国語 y のテストの結果がある．分散および相関係数は

$$s_x{}^2 = 400, \quad s_y{}^2 = 225, \quad r_{xy} = 0.5$$

で，以後はこれが元になる．

表 3.2　数学と国語のテストの結果(値は平均からの差)

	1	2	……	10
数学 x	17.8	− 10.2		7.3
国語 y	9.9	− 8.6		9.5

主成分分析は数学と国語のテストの2元データをどうまとめればいいか，ど

うウェイトを付けて合成したうまい総合得点

$$f = l_1 x + l_2 y$$

を求めるかが目的である．このとき，f で判断できやすいように，総合得点の
データが大きく開くようにばらつき（分散）をなるべく大きくする．いいかえる
と，最大になるように l_1，l_2 を求める．ところが，ここが変っているのだが，
最大は1通りでなく2通りある．ヒマラヤや八ヶ岳はピークがいくつもあり，
したがって谷もいくつかある．周りを見ずあるピークだけを目指すならそこが
（部分的）最大あるいは最小で，数学的に正確には「極大」「極小」という．

　先に結果を述べよう．予告すると最終的に2通りの総合得点が得られる．

数学・国語の点数の最適なまとめ方

　　　$f_1 = 0.8672 \times$ 数学 $+ 0.4980 \times$ 国語，　$f_2 = 0.4980 \times$ 数学 $- 0.8672 \times$ 国語

が情報の最も正しいまとめ方である．これを第1，第2主成分という．

　　　　　f_1 の分散 $= 486.15$，　f_2 の分散 $= 138.15$

で，f_1 の方が f_2 に比べ効き方で 3.5 倍開く（採用するなら f_1 である）．

補助的に f_2 も「参考に」合わせてよい．したがってたとえば，

　　　　学生1について　　　$f_1 = 20.37$，$f_2 = 0.28$，
　　　　学生10について　　$f_1 = 11.06$，$f_2 = -4.60$

となる．f_1 は総合力だが，f_2 は数学がよくできれば $+$ 方向に，国語がよくで
きれば（できなければ）$-$（$+$）方向になるので文・理の適性方向を示す．総合力
では学生1が9ポイント上回る．適性では学生1は理系，学生2は文系となる
可能性がある．

　方法を知りたければ　　問題は係数 0.8672，± 0.4980 や効き方である分散
486.15，138.85 をどう計算したのかの算出法である．それは，「固有値問題」
という微積分と線形代数（ベクトルと行列）の結びついた独特の課題で，線形代
数のテキストに出ているが，多少めんどうなテクニックである．テクニックと
いうのは非常に多くの数理で役立つからで，二つの結果を出してくれる．

　「固有値問題」とは，マトリクス（行列）から何通りかのそれに「固有の」数
（固有値）およびベクトル（固有ベクトル）を抜き出す手続きである．どう '固有

なのか' などは考えても仕方ない. 強いていえばある条件に合致すると '特別' な数とベクトルである. ここでは, さしあたり

固有値　⇔　各主成分の分散(主成分の効き方)

固有ベクトル　⇔　主成分の係数(主成分負荷量)

と理解し, なぜマトリクスが入ってくるか, くわしいことを学びたければネットの数理的説明を読んでほしい. ⊠⊠⊠ 表3.5 から

ここの例では

ⅰ) 固有値 λ　　2通りあり, 大きい順に $\lambda_1 = 486.15$, $\lambda_2 = 138.85$

ⅱ) 固有ベクトル (l_1, l_2)　　2通りあり (0.8672, 0.4980), (0.4980, -0.8672)

まとめ　ここで面白いのは, 固有値の和は 486.15＋138.85＝625.0 で, もとのデータの全分散になっている. 逆に, 分散を基準にして, 元のデータがうまい具合に f_1, f_2 の2成分に分解できたのである. そこで, これら(複数)を「主成分」, それぞれ固有値の大きい順に第一, 第二という.「主」といったのは, 固有値の大きいものが主要だからである.

主成分分析の意味

主成分の比率は固有値から f_1 は 77.8％, f_2 は 22.2％ を説明し合わせて 100％ となる. 効き方の大きい f_1 で判断し必要なら f_2 も参考にする.

f_1 は「総合力」, f_2 は「文理の適性」とネーミングする.

建物用途別データへの適用　ここまでを参考にして, 東京都23区の建物用途別利用状況についての調査データに主成分分析を用いて分析を行う. この方がユーザーにはわかりやすいかもしれない. 主成分分析で要約のためにこれから作成する総合得点(主成分)f は, 合成変数を最適化した

$$主成分 f = l_1 \times 官公庁 + l_2 \times 教文医 + \cdots + l_{10} \times 倉庫$$

として表される*. この f のばらつきを表した分散を最大にするように, 官公庁, 教文医, ……の前にある効き方係数 l_1, l_2, $\cdots$, l_{10} (主成分負荷量)を求める.

*一般には各変数は単位も数字の大きさもばらばらで, 平均0, 標準偏差1に換算しなおすのがふつうである. その場合, 各変数の関連は相関係数で表されそれが入力される(デフォルトになっている). したがって, 主成分の採用基準固有値の和＝全分散で, **デフォルト**では各変量は分散＝1に換算してあるから10となる. したがって, 主成分10通りの平均的効き方はちょうど1となり, ふつう平均以下の主成分(第4以下)には注目しない.

表 3.3a　主成分分析結果 1：効き方の強さ

	固有値	寄与率	累積寄与率
第 1 主成分	4.1068	41.0681	41.0681
第 2 主成分	2.4863	24.8634	65.9314
第 3 主成分	1.3081	13.0808	79.0122
第 4 主成分	0.7984	7.9837	86.9959
第 5 主成分	0.5511	5.5115	92.5074
第 6 主成分	0.3286	3.2859	95.7933
第 7 主成分	0.2297	2.2968	98.0901
第 8 主成分	0.1211	1.2107	99.3009
第 9 主成分	0.0699	0.6988	99.9997
第 10 主成分	0.00003	0.0003	100.0000
全成分	10	100	—

表 3.3b　主成分分析結果 2：主成分負荷量

分類	第 1 主成分	第 2 主成分	第 3 主成分
官公庁	−0.795	0.218	−0.347
教・文・医	−0.374	−0.584	0.174
供給処理	0.383	0.854	0.091
事務所	−0.913	0.310	−0.027
商業	0.121	−0.184	0.918
宿泊振興	−0.850	−0.007	0.283
独立住宅	0.705	−0.547	−0.208
集合住宅	0.805	−0.279	−0.229
工場	0.599	0.436	0.355
倉庫	0.337	0.820	−0.065
寄与率(%)	41.1	24.9	13.1

※固有値：各主成分での分散を表す

　元変量は 10 個あるのでその個数分 10 通りの主成分が求められる．表は標準的なアウトプットで，寄与の割合％は全体の固有値の和 10 に対する割合である．上位 3 個の主成分を累積するとこれだけで 8 割近く 79％の説明の影響力がある．第 4 以下の効き方の小さい主成分までを用いるのは意味がない．表3.3a が主成分の効き方の割合（寄与率）とその順序，表 3.3 b は選ばれた 3 主成分への各要素変数（変量）の入り方の係数（負荷量）である．なお，3 個となったのは固有値 1 以上までの主成分だけを用いる（前小字注意）．

　解釈とネーミング　ここからが実際の有用性で，「解釈」というと理系の人は違和感や反発を感じる向きもあるが，これができなければ機械学習や「データサイエンス」の目的は達成できない．主成分分析の結果，第 3 までの主成分で，表のように累積寄与率で全体の約 8 割（固有値でみても 1 以上）を説明できることが分かった．

　ここで求められた 3 つの主成分についてそれぞれ $l_1,\ l_2,\ \cdots,\ l_{10}$（主成分負荷量）の大小を見ながらその特徴を読み取ろう．（　）は効き方である．

第 1 主成分　$f_1 = -0.795 \times$ 官公庁 $-0.374 \times$ 教文医 $+0.383 \times$ 供給処理 $+\cdots$
　　　　　　　　$+0.337 \times$ 倉庫　（41.4％）

第 2 主成分　$f_2 = 0.218 \times$ 官公庁 $-0.584 \times$ 教文医 $+0.854 \times$ 供給処理 $+\cdots$

$$+0.820 \times 倉庫 \quad (24.9\%)$$

第3主成分 $\quad f_2 = -0.347 \times 官公庁 + 0.174 \times 教文医 + 0.091 \times 供給処理 + \cdots$

$$-0.065 \times 倉庫 \quad (13.1\%)$$

で，合計で79%（約8割）となる．この結果から，一つの解釈として

主成分の解釈とネーミング

できました

第1主成分：住宅中心傾向　官公庁，事務所，宿泊遊興で大きいマイナス，反対に独立・集合住宅でプラスで，住宅建物とオフィスなど住宅外の建物を測る．

第2主成分：生産中心の場　教育・文化・医療や戸建などの独立建物がマイナス，水道，ガスなどの供給施設，工場や倉庫がプラスで，小型の建物と大型の施設用途を測る．

第3主成分：施設の規模　官公庁，独立・集合住宅でマイナス，商業や工場がプラスとなっており，小型中型の施設と大型の施設を測る．

金融証券分析　証券分析は多変量解析や時系列分析が日常業務に非常に多用されており，応用としても目を離せない分野である．債券利回り（イールドともいう）には多くの定義や計算方式があるがここでは触れない．利回り変化の曲線（略）は3ヵ月から30年の年限別のスポットレートである．主成分分析によってここでは第3主成分までを採用してみよう（表3.4）．累積寄与率は，$9.829/10 = 0.9829$（98.29%）で十分すぎるであろう．同様の分析は米国のいろいろなテキストでも紹介されている．

各主成分負荷量は，国債イールド（利回り）の3要素で，1.並行的変化（パラレル・シフト），2.一方向傾き（tilt），3.曲率（わん曲）があらわれている．イー

表 3.4　米国財務省証券（国債）のイールド・カーブの主成分分析：固有値，固有ベクトル

	固有値	3ヵ月	1年	2年	3年	5年	7年	10年	15年	20年	30年
						固有ベクトル（主成分負荷量）					
第1主成分	9.226	0.11	0.29	0.36	0.36	0.37	0.36	0.34	0.32	0.31	0.26
第2主成分	0.477	0.43	0.49	0.34	0.21	0.05	-0.09	-0.18	-0.31	-0.38	-0.36
第3主成分	0.126	0.47	0.51	-0.45	-0.35	-0.22	-0.07	0.02	0.16	0.29	0.19

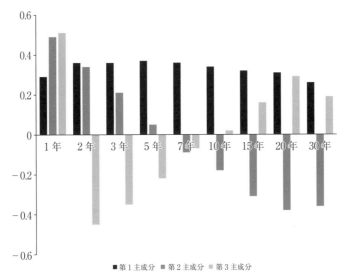

図 3.1　米国国債のイールド・カーフの 3 要素成分

ルドが同方向に揃って変化する傾向が圧倒的(92.4%)である(図 3.1).

3.3　クラスター分析：建物の用途別利用

クラスター分析　「クラスター分析」Cluster Analysis は，ここまでの主成分分析などのスマートな数学的にはレベルが高い多変量の分析と異なり，どちらかといえば計量的よりは幾何学的方法である．考え方は素朴で直観的，結果も視覚的で見やすく「分析」というよりは「表し方」に近い．プレゼンには適していてよく使われるが，後へ続く理論はなく終わりという物足りなさも否定できない．ニーズからいえば紹介する価値はある．大別すると，

　　i)あらかじめある「シード」を決め似たもの(類似度という)を集め併合
　　　していき，いくつかのまとまったグループ(クラスターという)に分類
　　　していく階層的方法(教師あり)．機械学習では「k-近傍法」に対応する.

　　ii)分類したい数を設定し，全体から出発して一定の基準で最終的に似た

ものが結果的に同じグループに入るように全体を分類しグループ（クラスター）にしていく非階層的方法（教師なし）．同じく「k-平均法」．
がある．本節では，①の方法で，似ている区どうしを併合していき，デンドログラム（dendrogram）という「樹形図」（ツリー構造）で，視覚的に東京都23区を分類していく階層的方法を用いる．

建物用途別データへの応用　具体例で説明する方が早いクラスター分析は，いわば似たモノどうしを分類して「島」にする．似ている類似度の指標をどのように定義するかを決める必要がある．ここで‘似ている’とはある2行を横に見て比較し，対応する‘数字が近い’ことをいう．データでは中央区と港区，足立区と葛飾区などである．データで対象間の類似度を測るための指標はいくつかあるが，ここでは一番直観的で分かりやすいユークリッド距離（分析ではこれを2乗したユークリッド平方距離 d^2）を用いる．たとえば，A区とB区の類似度を測る指標（距離）はユークリッド距離ではユークリッドの3平方の定理を用いて，

$$d^2 = (x_A - x_B)^2 + (y_A - y_B)^2$$

であらわされる．クラスター分析では，この指標で値の小さいものが似ている，逆に値の大きいものが似ていない，とする．

クラスター分析で用いる階層的方法では，分類したい対象（東京都23区）を併合していく過程（クラスター化）で，23区間で最も距離が小さい（類似度が高い）組み合わせを探し併合する．次にこの併合した区（クラスター）をどのように他のクラスターと併合し新たなクラスターを作成していくか，そのための基準が必要になる．作成したクラスターごとをさらに併合し，新たなクラスターを作成していく基準にいくつかの方法があり，実用的で最もよく用いられる方法に「ウォード法」（Ward法）が知られている．この先は細かいので割愛しよう．

分類結果　クラスター分析で東京都23区を分類した結果が図 3.2 になる．
「デンドログラム」といわれるツリー構造を見ると，まず大きく分けて（①の線）みると，「千代田区」「中央区」「港区」対それ以外の区と2つに分かれることがわかる．このことは元のデータからも，住宅利用よりもオフィス等事務所利用が圧倒的に多いことと一致している．なお，樹形図の横軸の長さはクラス

ター間の類似性の程度を表している．さらに細かく分類してみると（②の線）先ほどの「千代田区」「中央区」「港区」を別として，「新宿区」「渋谷区」「品川区」「豊島区」「文京区」「江東区」「台東区」とそれ以外「北区」「板橋区」……の 3 つに分類されている．オフィスなど事務所中心の地区と，オフィスなど事務所と住宅の中間の地区，住宅中心の地区に分かれる．

　クラスター分析により，土地利用に関して 23 区個別に対応していたものが，同じグループに属する地区をまとめて対応していくなどうまく施策を作成し，行政の効率化にもつながる可能性があるといえよう．

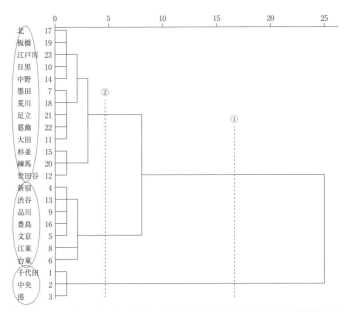

図 3.2　デンドログラム：建物の用途別建物利用別状況による東京都 23
　　　　区のクラスター

3.4 時系列データ：例と考え方

　ここから時系列の話に移ろう．ふつうなら別の章だが，こだわらず，データパターンだけが変わるが，データを大切にすること，背景を知ることは精神として変わらない．

　多変量解析はクロスセクション・データを分析することが多いが，ここで時系列(time series)とは，時間の順にとられたデータをいう．どのようなことがらでもよい．エクセル・データは一列に入り，グラフも一本の折線(棒グラフにしないこと)で示されるから単純に見えるが，データはあらゆる現象に広がっているので，中身は相当に千差万別である．扱い方も一通りの決まった型はないから，理論も直観もまた分野の知識や経験も必要になる．どちらかといえば，単純で大量の計算が新しい技術をもたらすことから，音声合成など機械学習が力を発揮することも最近は多い．

　データによって，3，4通りのアプローチがあるので，どのタイプのデータかを大まかに判定することから始まる．ここでも‘まずデータから’というスピリットは貫かれる．時系列の分析は非常に範囲が広いのでまずは大づかみにとらえるだけでも意義がある．実際例は後にして，まず本節と次節でアウトラインをまとめておくので，そのあと実際例を見て理解してほしい．

　変化のパターンの理由がわかっている現象：きわめて多い．近い所では，スポーツ TV 視聴率のリアルタイム・データ，競技の進行に応じて変化するから，きちんとしたプレゼンだけで解釈しやすく数量分析を待たない．なお，逆もあり新しい事実の発見につながるデータもある．

　平均，SD の計算，箱ひげ図の作成，相関係数の計算，単純な回帰直線のあてはめなど，大半の経済・経営データが好例で，統計集(ネット，紙出版)になっている．ネットからダウンロードしエクセルで図示するだけでも，現象についてかなりの知識が得られる．R, Python の図示は機械的で可視化には向かないことも少なくない．

　時系列固有の統計分析と可視化：計量経済学の方法が代表的で，移動平均で誤差を除く(過去なら平準化，現在ならフィルタリング)，増えるか減るか大き

く見た傾向線(上向き，下向きトレンド)，59 通の周期的要素の発見，季節調整をした上で各期比較，など，経済・経営データを方策決定に用いるケースである．ここでは移動平均を説明する．

　回帰分析が多用されるが，時系列ではふつうの回帰分析の仮定が成り立たないことはあたり前のようにあり，誤差の系列相関，多重共線など問題になるので，結果数字の読み方に基礎知識が欠かせない．データサイエンスの重要ポイントであろう．次にモデルを用いて法則を定めるレベルの高い分析を 2 通り紹介しよう．

3.5　時間領域と周波数領域

　時間領域と定常時系列　最初に，時系列データは見ての通り時間でとられているから，時間(t)を主役とした「時間領域」time domain の分析がある．これはふつうの回帰分析に近い．ただし，そのまま使えるというものではない．

　最初に，定常な時系列を仮定する．「定常」というのは，変化はするがそのパターンは変わらず‘ワンパターン’で‘一定’である様子をいう．たとえば，大気温は一年の季節の中でさまざま変化するが，春夏秋冬など変化のパターンはおおむね毎年には変わらずくり返される(もっとも気候変動 climate change もある)．まずは「大人しい」「お行儀のよい」データであり，「定常」の厳重な定義はもちろん統計学で与える．

　これに対して非定常たとえば上昇もしくは下降傾向(トレンド)が出たり，あるいは急に変動が大きくあるいは小さくなるなどのケースもある．しかし，定常に見えなくとも時間を小さい範囲で短期で見れば定常のケースも多い。全体としてみれば，定常性を満たすケースはほとんどである．

　「定常」のイメージがわいた所で，「定常」とは何か定義を与えよう．

　「定常」の定義　統計的に

ⅰ) 平均は変わらない：$E(x_t)$＝一定

ⅱ) 分散は変わらない：$V(x_t)$＝一定

iii) 図形的に見て，時間をまたいだ前後（k としておこう）のつながり方の相関関係がどの時点でも変わらない．すべての t につき

$$\rho(x_t, \ x_{t+k}) = 一定 \ \rho(k)$$

ここで，E，V，ρ は確率的平均（期待値），分散，相関係数である．（iii）はわかりにくいが，あるところだけ急にギザギザの度合いが激しく（あるいは緩やかに）なるような変化がないことを意味する．平均，分散，相関係数だけで定義するので，「弱定常」といわれる．感覚的にいうと，「定常」とは'乗物の振動も（一定範囲ならば）'安心して乗り続けられる状態と言っていい．全く振

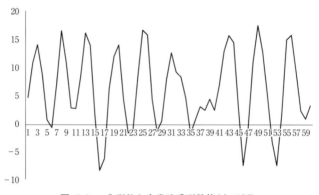

図 3.3a　典型的な定常時系列数値（人工例）

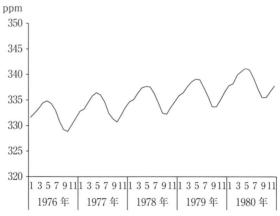

図 3.3b　CO_2：大気中 CO_2濃度(1976-)（上向きトレンド）　　　⊠ ⊠ ⊠ 3.4b 原データ

動のない乗物はないからである(図3.3a).

　ここまでは定常モデルだが「非定常」への発展もあって, 直線的トレンドを含む'非定常'の自己回帰-和分-移動平均モデル ARIMA のデータがある. ARIMA モデルは, 定常時系列から一歩はみ出した進んだ時系列分析で, 差分 $x_t - x_{t-1}$ をとると定常になる非定常時系列である. あらかじめ「単位根検定」で検出される.

　なお, 見かけ上トレンドがあっても'トレンド＋定常時系列'もあるから注意しよう(図3.3b). 実際, この例も多く, 時系列分析の初歩として重要である.

　周波数領域とフーリエ解析　時間領域で見るのではなく「周波数領域」(frequency domain)がある.「波」もたしかに時間関数(時系列)だが, 繰り返す, 振動するという特色がある. 短時間で激しい変化, 長時間では穏やかな変化になりやすいと考えてみると, この振動の回数(周波数という)から見てみる分析もありうるだろう. 1分間に6回振動するとき, 時間的に1回に10秒といってもよいが, 振動数(周波数も同じ)が一分間に6回というのもよい. 海岸の波, 音波, 電磁波(光も可視の電磁波), これらはすべて波として振動を繰り返しながら伝わっている. 形からいうと波はサインカーブ(正弦曲線)の繰り返しである(図3.4). ここから先は多少数学的だが, 本論には入って行かないので, 'お話し'として読んでほしい.

*「サインカーブ」は sin 関数をさすが, cos 関数も同じ形の波を表す.

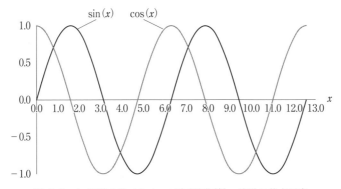

図 3.4　sin 関数のサインカーブ(正弦曲線)：波動の基本要素

波は強弱パワーの「振幅」a, 振動の激しさ(繰り返しの回数)として振動数 f をもっている.

　音波では, f が大きければ高音, 小さければ低音になる. ピアノの鍵盤の図は楽音の可視化となっていて, 右へ行くほど f は大きく音は高音になる. 放送でもマルチメディアの時代になって画像が主になったが, 元は音が基礎である. 毎時の時報(0分)は NHK では 3回の予報音は 440, 正報音は 880 サイクル／秒, またピアノの標準音は, ほぼカギ穴の位置にあるハ音(ハ長調のド)から白鍵を上へ 6個, 厳密には長 6度上のイ音(ハ長調のラ)で, これが 440 サイクル／秒となっている. ここで「サイクル」は文字通り波の一周期分で, サイクル／秒を今日では「ヘルツ」Hz といっている.

ピアノ

　人間の声はキンとかん高い声は f が大きく低～い声は f が小さいが, 「高」「低」の 2通りではなくさまざまな f が強弱の違いで入っていて, 波形は

$$x(t) = \Sigma \, \{a \cos 2\pi f t + b \sin 2\pi f t\} \qquad (f による和, または積分)$$

と分解される. (数学上の都合で cos 関数を先に書く). この和 (f) はさまざまな f を持った 〜〜〜 (サインカーブの線)の和の意味である. サイン, コサイン(三角関数)には腰が引ける読者もいるが, サイン, コサインは関数として, 「三角形」にこだわらず全く別と考え ‘波の形の関数’ と思い切ろう. このように波(正確には周期関数)をその形の和に分解する理論を「フーリエ解析」という. フーリエ(Joseph Fourier, 1768-1830)は人名である.

　逆に a, b がわかれば $x(t)$ を合成, 再生できる. モーツァルト, ベートベンの音楽も a, b の集まりにいったん分解され, それが再生されたのがデジタル録音である. どの程度多くの a, b を集めればよいかが課題だが, その適切な細かさを決めたのが「標本化定理」である. さまざまな周波数 f の強弱 a, b

のパターン*を「パワースペクトル」power spectrum という．図3.5では人間
の会話で「爆音が……」との音声をフーリエ解析しパワースペクトルにした結
果を紹介する(図3.5)．パワースペクトルが音声ごとに対応している．

　*実際は a, b を a^2+b^2 としてまとめる．

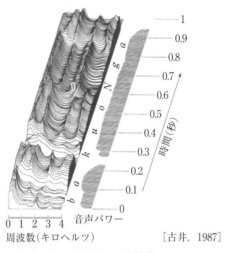

図 3.5　パワースペクトルと音声パワー

パワースペクトル全体を知れば，人の声は再現できる．大まかに言うと

$$波 \Leftrightarrow パワースペクトル$$

と言ってよいから，この際乱暴な言い方をすれば，パワースペクトル通りにス
ピーカーを鳴らせば，それが人間の声や音楽の楽音に似てくる．実際には，$\Leftarrow$
の向きでパワースペクトラムの特徴から音声(たとえば「あ」の音声)を決めね
ばならないから「ケプストラム」が計算されるが，ここでは述べない．

3.6 目で見る時系列と分析

　時系列はどうしても無味乾燥で，理論もやや‘まばら’な感じである．ここ
では現場感覚のデータをいくつか示そう．

　(1) 球技ゲームのテレビ視聴率（分単位）

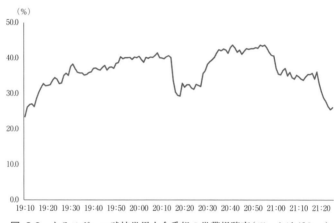

図 3.6　あるスポーツ球技世界大会番組の世帯視聴率（データはダミー）

　図 3.6 は，あるスポーツの球技大会（世界大会）のテレビ放送の視聴率（世帯
視聴率）の時系列グラフである．20 時 10 分から 25 分ぐらいにかけてスコアが
10 ポイントぐらい下がり，また 20 時 30 分ぐらいから上昇していく．この競
技の試合は前半，後半に分かれており，その間の休憩時間がこの谷に該当する
と思われる．視聴者が前半・後半の間の休憩時間に，コマーシャル（CM）が流
れたり，スポットでニュースやお天気などが流れたりするのでそれを視聴し続
ける人もいれば，他のチャンネルをいろいろ切り替えて面白そうな番組がない
かを探す人（ザッピング）もあり，一時的に視聴率が下がったと思われる．

　後半が始まるとザッピングで他のチャンネルに切り替えていた人が戻ってき
たり，新たに後半から視聴を始める人などもあり，再度視聴率が元のスコアよ
り高い水準になっていることが分かる．ただ 21 時少し前から下落していって

いるが，試合で得点差が大きくなり，勝負を諦め視聴から離れていってしまった人がいることによる影響によるものと思われる.

(2)実質国内総支出：移動平均で「季節」を除く

政府統計の代表的経済指標として注目されるのが「実質国内総支出」のデータである「実質」とは「名目」を物価変動の割合で割って除去した計算法である(その割算の除数を「デフレータ」という). また多くの経済時系列は3ヵ月の四半期単位で第I，II，III，IV四半期データとして公表される.

一般に第I四半期は季節的原因から経済活動が低調になるなど，各四半期には固有の傾向がある. 景気動向の判断のためには「季節性」を除かなくてはならない. 季節性は‘落ち込み’‘突出’に表れるので，これをスムーズにする調整として前後のデータから平均をとる「移動平均」が適用される. 例えば，6月のx_6に対しては，原系列の前後5ヵ月から$\{1, 2, 2, 2, 1\}$のウェイトで

$$\hat{x}_8 = \frac{x_4 + 2(x_5 + x_6 + x_7) + x_8}{8}$$

のように平均して，調整した$\hat{x}_6$が季節調整値となる. 9月なら，全体的に1ヵ月分移動して平均することはいうまでもない. なお，四半期データを4倍して年データとして発表される. 図3.7では，点線が原系列で，実線が季節調整済み系列で，季節性の凹凸がよく表れている. データは四半期原系列，かっこ内は季節調整しかつ年換算した結果である.　　　　　　　　⊠ ⊠ ⊠ 表3.5

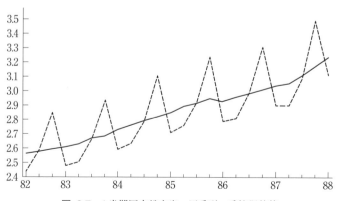

図 3.7　4半期国内総支出：原系列，季節調整値

(3) ベバリッジの英国小麦価格指数 (1500-)

基礎的穀物の価格は国民の家計に直結し，また一国経済の内外の状況から影響を受け，あるいは影響を与える．作況も自然に左右されるが，長期的に経済規模の拡大，所得水準の向上に従って価格も上昇する．その歴史的動きを長期的に追った貴重なデータであり，さまざまな分析研究がある．ここで実物の作物の価格のデータに親しんでおこう．

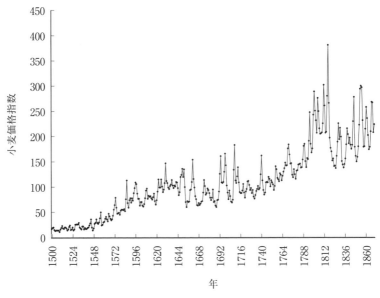

図 3.8　ベバリッジの小麦価格指数データ (原系列)

(4) 自己回帰モデル：定常性シミュレーションによい

モデルを仮定した時系列分析の最初にこれから述べる「自己回帰モデル」AR がある．現時点を過去時点から回帰分析で説明するが，回帰変数が両辺で同じ種類であるので，このようにいわれる．この AR モデルは「定常時系列」がよく表現できる点で使い勝手がよい．ついで，AR を細かく見て発展した「移動平均モデル」MA，両方の結合モデル ARMA モデルなど定常時系列データの定番が続く．

定常という強い仮定が成立する場合の精密な分析に適している．ただし，自

己回帰モデルは表し方であり，今日あたりまえのように使われるが，これから
見るように，AR, MA, ARMA などの表し方(ボックス・ジェンキンスモデル)
は非定常の ARIMA もカバーするので，基本の点で区別しておこう.

AR モデル早わかり　時系列データを見るとき，現象は各時点でバラバラに動くの
ではなく，その前時点(前日，前月，前年など)，前々時点から影響される傾向がほ
とんどである．これは新しいことでなく高校で数列が漸化式

$$（＊）\quad a_n = 0.9\,a_{n-1} - 0.2\,a_{n-2}, \quad n \geqq 2$$

のように定められている考え方と共通している.

式では 1 期前からは 0.9 倍(＋ で)，2 期前からは弱く 0.2 倍(－ で)決まっている.
これら倍数は共通でないがある隠れた倍数 α があると見て，一期毎に α 倍とすると

$$\alpha^n = 0.9\alpha^{n-1} - 0.2\alpha^{n-2}$$

$n = 2$ とすると

$$\alpha^2 = 0.9\alpha - 0.2$$

でなければならない．これを解くと $\alpha = 0.5,\ 0.4$ で漸化式の解は，$(0.5)^n$ および $(0.4)^n$
の組み合わせとわかりうまく行く．実際，$-1 < 0.5 < 1$，$-1 < 0.4 < 1$(絶対値 < 1)だ
から収束する等比数列で，結局 $a_1,\ a_2,\ a_3,\ \cdots \to 0$ のように 0 へ大人しく収束する.
1.5 とか 2 であれば，ネズミ算式に爆発してしまうことに注意しよう.

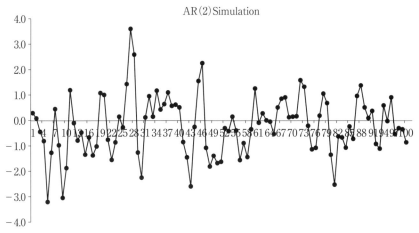

図 3.9　2 次の自己回帰モデル AR(2) シミュレーション　　🗵 🗵 🗵 表 3.9

数学的になるが，統計学の時系列の自己回帰モデルも同じ考え方になる．そこで統計学（時系列）では，多小の誤差を入れ，2次の自己回帰モデル AR(2) のシミュレーション

$$x_t = 0.7x_{t-1} - 0.49x_{t-2} + u_t$$

を行って観察しよう．u_t はランダムな誤差項の正規乱数で，平均は 0，分散は 1 とする．大むね ±3 の幅に収まる変わらないパターンで推移する．つまり，振幅の幅が拡大したり（爆発）せず，時間が経過しても「定常」におさまっている．考え方は同じで，定常であるための係数の条件があるようである．

　知っておこう：定常の条件　実際，誤差を外した上でこれを時間の順で 2 次方程式に変え（これを「特性方程式」という）

$$\alpha^2 - 0.7\alpha + 0.49 = 0 \quad \text{（特性方程式）}$$

を解くと，虚数解

$$\alpha = 0.7 \cdot \frac{1 \pm \sqrt{3}\,i}{2}$$

が出て，$\left|(1 \pm \sqrt{3}\,i)/2\right| = 1$　だから，$|\alpha| = 0.7$，やはり，虚数解の場合でも

AR が定常となる条件

特性方程式の 2 解の絶対値が 1 より小さい（複素数平面の単位円の内部）*

*計算経済学のテキストでは逆のあらわし方になっている．

ことが「定常の条件」として知られている．定常の条件が代数方程式で決まるところが面白い．この虚数解の偏角は 120°なので，360/120=3 から，実際おおむね 3 が周期として観察される．

(5) ウォルファーの太陽黒点数時系列 (1749-1965)：モデルケース

　小麦価格指数と並んでよく引き合いに出される歴史的時系列は太陽の黒点数（sunspot number）である．天文学の本には太陽の表面温度は平均 5777K（絶対温度），黒点は相対的に 1500K ほど低く，その比較的低温の部分が「黒点」である．英語では spot というだけで‘黒’の意味はなく，黒く見えるだけで超高温であることには変わりない（なお，周囲の赤く輝く部分を「コロナ」といい，その似ている様子からウィルス名‘コロナ’になった）地球のエネルギー供給源であるから，黒点数が農作物の作状と価格に影響を与え，黒点数のデー

タは従来から経済学者の関心を呼んできた.

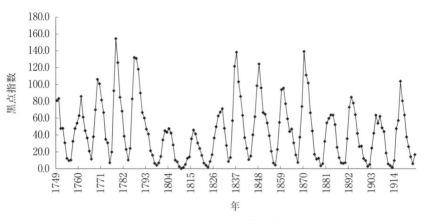

図 3.10　ウォルファーの太陽黒点数データ

　見ての通りみごとに周期的であり，しかも定常らしい．実際，自己回帰モデルがみごとにフィットする'モデル・ケース'である．周期も従来から大むね11年よりわずかに大きいとされてきた．正確にはどうだろうか．

　以前からこのデータにモデル式をあてはめた研究がある（ユール，1927）．最もよくあてはまるモデル式は

$$x_t = 1.3425 x_{t-1} - 0.65504 x_{t-2}$$

であり，これは2次の「自己回帰モデル」である．周期を求めてみよう，特性方程式

$$\alpha^2 - 1.3425\alpha + 0.65504 = 0$$

の解は，やはり虚数解で（エクセルで解ける）

$$\alpha = 0.6717 \pm 0.45215i$$

である．さらに進んで

$$\alpha \text{ の絶対値} = \sqrt{0.6717^2 + 0.45215^2} = 0.80935 < 1$$

$$\alpha \text{ の偏角} = 33.963°$$

　確かに見た通り定常になる．面白いのは，360/33.963＝10.600年なので，

$$\text{正確な太陽の黒点数周期} = 10.600（年）$$

と知っておこう．よって，1/10.6＝0.094サイクル/年の周波数も観察されるは

ずである．黒点数データのスペクトル推定のグラフはレベルが高いが，一応紹
介しておこう． ⊠ ⊠ ⊠ 図 3.10

(6) 米ソの軍事支出の時系列：ふつうの回帰分析は不可

外見が同じでも y データが時系列 y_t である場合は，時間前後の順序がある
ため前が後に影響を残す効果がある（時系列における誤差の系列相関）．ふつう
の回帰分析の仮定が成り立たなければ，結論に疑問が出て，重要な方策の意思
決定の場で議論に耐えられない．米ソの軍事支出データでは誤差に正（負）のも
のが出続け，見かけもランダムではない傾向がでている．誤差とは本来ランダ
ムのはずだから，そのこと自体が問題でなぜそうなるかの背景や理由はまた別
である．

理由　真の回帰直線を $y=bx+a$ とする．通常の場合は，y データは真の回帰直線
の周りにランダムに上下にまんべんなく散らばって分布する．データから求められ
た推定回帰直線 $y=\hat{b}x+\hat{a}$ は穏当に点 $(x_i,\ y_i)$ の集まりの'中心部分'を貫くように
決まり，真の回帰直線 $y=bx+a$ におおむね一致する（フィットがいい場合）ことは，
ふつうの説明図でよく知られ理解されるとおりである．

＊東京大学教養学部統計学教室『人文・社会科学の統計学』東京大学出版会，第 6 章図 6.4

しかし，誤差に系列相関があるときは，そもそもデータ自体の出方が違って
いる．たとえば，正の系列相関がある場合，y データがあるかたまりになって
真の回帰直線 $y=bx+a$ の上側（下側でもよい）に偏って出ることが十分ありう
る（自ら手書きしてみよう）．そこに，通常の回帰分析を行えば，$y=\hat{b}x+\hat{a}$ は
この偏った y データにはよく合うだけで，真の回帰直線 $y=bx+a$ は全く別の
所にある．つまり，よく合う結果は間違った見かけ上のフィットであり（t 値
は有意！），$y=bx+a$ にフィットしているわけではない．

表 3.6 米ソの軍事支出時系列データ(単位：10億ドル)

年	US	USSR
1954	40336	29000
1955	35533	32400
1956	35791	29600
1957	38439	27900
1958	39062	27000
1959	43573	27800
1960	41215	27000
1961	43227	35800
1962	46815	38700
1963	49973	40200
1964	49760	38400
1965	45973	37000
1966	54178	38700
1967	67547	41900
1968	77373	48200
1969	77872	51100
1970	77150	53900
1971	75546	55000
1972	75084	56500

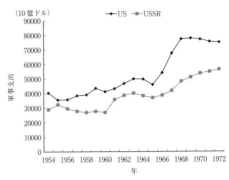

図 3.11a 米ソの軍事支出時系列

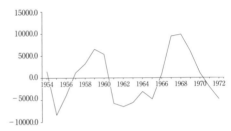

図 3.11b 回帰分析の残差系列

第3章　実践力養成問題

3a.1　体力・運動能力データ(既刊『わかりやすい統計学　データサイエンス基礎』第5章, 表5.4)に対して
　① 1. 各平均, 2. 各標準偏差, 3. 6通りの相関係数(行列)を求めなさい.
　② 相関グラフを作成しなさい.

3a.2　体力・運動能力データ(同上)につき, クラスター分析を実行しなさい.

3a.3　体力・運動能力データ(同上)につき, 相関係数行列をもとに主成分分析を実行しなさい. 第1主成分の寄与率が大きいことを確認しなさい.

3b.1　実質国内総支出データ(表3.5)に対し, 1985第3四半期の季節調整値(年換算)の計算式を示しなさい.

3b.2　大気中二酸化炭素濃度の時系列データに対し, 1976-1980年の7期移動平均を作成し, 図示しなさい.

3b.3　定常時系列のデータ(表3.9)に対し,
　　　(1)ラグ1の自己相関係数, (2)ラグ2の自己相関係数
　の値を計算しなさい.

3b.4　太陽黒点数データ(図3.10)において, 周期の個数から平均周期*を求めなさい.
　　*太陽黒点数の周期は極小から次の極小への年数をいう.

3b.5　ベバリッジの小麦価格指数のデータ(トレンド除去後)の定常時系列に対して, 次数2の自己回帰モデルは, 誤差項を除いて

$$y_t = 0.7368y_{t-1} - 0.3110y_{t-2}$$

である. 特性方程式の2解を求め, 定常性が成り立っていることを示しなさい.

3b.6　2つの楽音の高さを比較するための隔たりを「音程」という. よく響きあう音程の組み合わせ(純正律という)として知られるのは, 1オクターブの中で,
　　　(1)ドーファ　周波数比で4/3倍(完全4度)
　　　(2)ドーソ　周波数比で3/2倍(完全5度)

(3) ドーラ　周波数比で 5/3 倍(長 6 度)

(3) ドード　周波数比で 2 倍(8 度)

などである．ラ音の周波数を 440Hz(ヘルツ)として，それぞれファ，ソ，ドの周波数
を求めなさい．

4 章

データから推論すると

事実の真理を探究するには方法（Methodus）が必要である（デカルト）.

4.1 推論とは

　大切な章である.「推論」というと難しく感じるが，筋道に添って結論に達する方法*である. 統計学ではすでに教えられている. 進度の都合で「統計学」は2つに分けて教えられている. 最初は「記述統計学」といい，データでは……となっていますと述べられているデータ数字を読むことが目的である. ふつう「統計」とよばれているのは記述統計であり，政府統計（e-Stat）ではその例である. データサイエンスの時代になって，データそのものの重要性が認識されている.「統計不正」も正しい統計が事実を記述する上で命であることをあらためて考え直させてくれる.

　*方法（method）の語源は「道」（hodos）である.

　もう一つはデータを元にして論理的に正しい証明（エビデンス）を導く，意思決定を行うために利用，活用することで，「検定」「推定」などを始め「統計的推論」とよばれる.

　「このデータからワクチンは効くと判断してよいのか」

　「たばこの煙は，周りの人の健康に悪影響を及ぼします」（Seven Stars）
など，データだけで終わらず判断（言い切り）まで求めることに行きついている. これは統計学の大きな役割であるが，判断のしくみの正しさつまり「論理」が大切で，データサイエンスの時代に思ったより考えるべき点は多い.

　データのあぶないはなし　「あぶない」とは「いかがわしい」ということではない. データさえあれば何でも計算するこのごろの流れに対し STOP TO THINK**ちょっと立ち止まって考える，つまり「一時停止」の勧めである.

いいかえると，どのようにして出てきた元データかを考えよう．怖いのは「バイアス」（かたより）である．

　**Stop thinking なら「考えるのをやめる」になる．

　たとえば，何でも'うまく成功した'データは'うまくいかなかった'データより何倍も何十倍も出やすい．これを「公表バイアス」Publication bias という．出版や学者の論文ではよく指摘され「出版バイアス」ともいわれる．広く言うと，成功話は失敗話よりも何十倍も出やすくそれは人情から避けがたい．だから，起業の成功話の裏に 10 倍の決して語られない失敗話があれば，起業の成功率は 1 割にも達しない．実際，宝くじはほとんど当たらないといわれるが，それでも最下等の当たりは 1 割にはなる（ただし，1 枚買って当たるのも相当大変である）．

　「選択バイアス」Selection bias もある．学校でカンニングやいじめが横行する，あるいは企業で差別，不正や不適切行為などガバナンス上の問題があるとき，質問調査（いわゆるアンケート調査）をする．しかし，戻ってくる「回答」は全く問題ないものだけで問題ケースはそもそも回答せず，回収以前に選択が起こっている．調査自体が無意味とはいえないが，そこを考えないデータはほとんど価値がなく，推論以前である．

　こういう話は元の責任の問題というわけにはいかない．分析のプロとして不完全なデータを見抜く役割は統計学（分析者）にある．シェフが悪い食材を見抜けずあるいはそれと知りつつ悪い料理を作ってしまった場合，プロとしてそれを見抜けなかったなどの責任は当然ある．統計学は数値計算専門職ではなく（それはコンピュータ機械の役割），入口のデータから解釈，意思決定の出口まで助言し統括する．

4.2　統計学とは何か

　次のような言分は，推論の否定になるだろうか．

私のおじいさんは一日 5 箱タバコを吸っていたが，脳梗塞で死んでいる．

> 私のおばあさんはタバコは全く吸わなかったが，肺ガンで死んでいる．

　よくある言い方で，「集団に見いだされる」の基準から，特別の事情があればとにかくも，原則として統計的には適用できず，よって否定も肯定もできない．このようにデータサイエンスの時代に多くの人が頭を使うのは，どのようにして正しい説得的な議論を展開できるかの基礎で，その判断能力はこれからの時代には全人的な教養である．これは，のちに論じる帰納の論理に関わる．

4.3　演繹（えんえき）：コンピュータの論理

　すじ道を立てて論ずるときの 2 つの方向がある．まず，多少聞きなれないが，「演繹」とは一般的な仮定から特定の結論を導くすじ道で，幾何学の「証明」がいい例で，正しくキチンとしている．

四角形の四角の和は 4 直角（360°）であることを証明せよ

　この場合は，三角形の内角の和は 2 直角（180°）であることから

一般（仮定）⇒特殊（結論）

となっている．日常でも「三段論法」は仮定（前提と言っている）から結論を得る演繹の王者としてギリシア以来の 2000 年以上も承認され，次を聞けば読者の皆さんも‘そうだ’と思うだろう．

> すべての人間は死ぬ．
> すべてのギリシア人は人間である．
> ゆえに，すべてのギリシア人は死ぬ．*

　*「死ぬ」mortal とは‘いつかは死ぬ’の意味．古代ギリシアの例による説明

　日本では「三段論法」はこれだけと思われているが，三段で行う論法はこれだけではない．各段とも「すべての……」（全称）「ある／特定の……」（特称）×「肯定」「否定」の 4 通り，三段を通して 64 通りの論法があり，正しいものと誤りとが分けられている．三段ならなんでもいいというわけではない．また，原語にも‘3’の意味は含まれていない．

例えば

大前提　すべての人間は死ぬ

小前提　ソクラテスは人間である

結論　　ゆえに，ソクラテスは死ぬ

これは正しい．しかし

ある動物には尾がある．

人間は動物である．

ゆえに，人間には尾がある．

は誤りである．

　三段論法は数学的に整えられ人間の「理性」からも自然であるから，中世のキリスト教神学者トマス・アクィナスによって神学の教育にも応用されよきカトリック神学教育体系を形作った．例外のないその完全さにエマヌエル・カントも有名な『純粋理性批判』で'論理学は全く進歩して来なかった'と嘆いているくらいである．

　進歩はないのだろうか．近代になってはいろいろな「論理学」が提唱されている．その一つはこれからのべる「帰納論法」である．しかし，数学的に厳密であることが要求されるコンピュータ・サイエンスは，多少人間性の議論から外れても，演繹論理を基本採用せざるを得ず，元の人間の思考を技術的にデジタルで取り込むことに専念している．AIはその例である．

4.4　帰納（きのう）：人の判断

　「帰納」とは演繹とは反対方向に戻って（帰って）

特定（ケース）⇒一般（ルール，法則）

とする論のすじ道である．例えば，

人の体温⇒新型コロナ（の可能性）

とする．これは個々のケースでは正しくない．人によっては，お風呂やサウナ帰りかもしれない．また人々の平熱は人種による差があるとも言われている．「熱があるからコロナ」は憶測の飛躍で言いすぎだ認められない，と抗議する

人がいるだろう．現代の論理哲学者カール・ポパーは帰納は論理でさえなく，危険である（証明なしに述べている）と批判する．古代ギリシア哲学では整然とした演繹こそ推論の王者で，帰納は憶測（ドクサ，doxa）で排撃すべきものであった．それでは実験科学など生まれようもない．

しかし，社会全体として，よくデータをとって調べれば飛躍は越えられるしその必要の社会的合理性もある．演繹論理には飛躍はないが，どこまで行っても行きつく展開には限界があり，とうてい現実「社会」まで行きつかない．統計学は帰納論理を実現した方法であり，ランダム・サンプリングで科学的に‘一部から全体へ’の飛躍を科学的に実行して，社会的な使命を果たしている．

演繹の論理は，経験による知識の発展には非常に窮屈である．コペルニクス，ケプラーやニュートンも，厳密な意味での数学者ではなかったので，演繹には縛られず観察による経験によって法則を打ち立てた．ニュートンの力学の法則も「証明」されたわけではなく，実験的事実に合致することにより法則として打ち立てられたのである．

4.5　シャーロック・ホームズの「推論の科学」

探偵の論理は，すぐ想像できるように，帰納法の‘結果’→‘原因’の方向で進むとされる．しかし，ドイルの『推論の科学』*Science of Deduction* という学問風のめずらしいタイトルの作品では，本来演繹 deduction が強調されている．つまり，推論とはあくまでギリシア風に演繹で

事実 X　⇒　想定仮説 H　⇒　諸事実 Y，Z，U，V，……
　　　　帰納　　　　　　演繹

の後半部分が自分のオハコだという．俗にいう「ウラ取り」であろう．

ドイルはまずプロットとして「……だ」と想定した上で，それを元に事実を念入りに選別していくのである．しかし，プロット自体はどう作られるのであろうか．それは帰納によるものであろう．ただ，帰納だけでは不安で危い．ことに職業として依頼されている（謝礼も取っている）以上，という職業的理由もあるのであろう．

しかし，XもYも重要な事実で，たがいに矛盾したらどうするのか，という疑問は残りそう単純ではないだろう．こういう科学的議論自体を整然と分析する哲学は「科学哲学」であり，推論の科学が成り立つのかの議論もある．次はどうだろう．

　'A氏はある日お金を盗まれた(X)．その前日A氏はB氏と激しく言い争っていた'．ゆえにB氏が犯人である(H)だけでは通らない．B氏がお金に困っている事情はなかった(Y)．

4.6　「ネコ400号」実験：「たった一例」の無視が大きな問題に

　水俣における有機水銀中毒をかたる場合に，必ず論じられる「ネコ400号実験」がある．チッソ水俣工場付近の付属病院細川一医師によって工場排水への疑いを確かめるために行われた動物（ネコ）による実験で，直接に無機水銀を使用している酢酸工場排液（アセトアルデヒド排液）が用いられた．開始2ヵ月半後，ネコは痙攣発作，跳躍運動など，問題になっている疫病に固有の症状を示し始めた．ネコはまもなく屠殺解剖された．細川医師は市川正技術部次長に実験結果を報告したが採用されず，実験の継続も直ちにはチッソに認められなかった．

　当時（1958年10月），企業側は熊本大学医学部によるメチル水銀中毒説への反論を準備中であったが，市川次長の論理は「企業の論理」としては片付けられない重要なポイントを含んでいる．市川氏のインタビューより引用する．

> **ナレーター**：細川医師はこの後も実験を続けることを条件に市川さんの提案を受け入れました．この瞬間ネコ400号は反論書から外されることが決まりました．
>
> **記者**　：結局これがですね，あとで「水俣病隠し」というふうに言われますね．
>
> **市川正さん**：ええ．
>
> **記者**　：それをきいたときはどう思いましたか？

市川正さん：それは間違っていると思いましたね．会社が都合が悪いんだから外したんだっていう，そういう噂が飛びましたねえ．それは全く違うんであって，私と細川さんの意思で，むしろ私の意思だったかも分かりませんが，（400号実験を反論書から）外したわけです．

記者　　　：そのとき外す判断をしたことについてはどう思いますか？

市川正さん：わたしは正しかったと思いますね．一例でもって判断するというのは非常に危険ですからね．（傍点引用者）

※石弘之『環境学の技法』東京大学出版会(松原担当章)より

思わぬ落し穴　'十分なデータがなければ統計的結論は出せない'は確かに統計的推論の一般原則であるが，すでに排水管である水俣湾周辺に多数の症状保有者が出て工場排水は疑われていたから，'十分なデータがない'とは言えない．ネコ400号のデータの意味するところを解釈する社会的に有意義な関連データがあったのだから，この一例を例外として議論から外すことはできず議論すべきであった．そうしていたら，何万人もの生命や健康，生活が救われたはずである．

　企業が多大の生活利益(所得)をもたらすことを認めたうえでも，'十分なデータがなければ統計的結論は出せない'とは，統計学を悪用し特定利害を反映した言明で，いわゆる「イデオロギー」である．今でも，しばしば'科学的根拠がない'といって適切に施策をせず事態を悪化させる弁明は「科学主義」といわれる．最初から議論もせずに「科学的ではないから……」こそ科学的ではない．ある対立する言い分が科学的であるかないかは誰が判断するのか，その主体がいない以上，まず議論するのが対立を解決するただ一つの方法であろう．

　議論(コミュニケーション)こそが民主的公共空間を作る積極的前向きの手段と方法ではあるまいか．COVIDの中でZoomがそれをになえるのか，見直しと回復こそが日本の再生の鍵のように著者には思われる．

4.7　確率的思考を受け入れられない日本

日本では白黒がハッキリしないと結論にならないと考えられる傾向が強い.

不確定性を本来「悪」と排除して考える思考を「決定論」といい, 中間の灰色(グレー)のまま(グレーゾーン)では対応ができない. 重要だが, そもそも不確定な現象に対し明確な言い切りのイエス, ノーが言えない. これは広く見受けられる傾向で日本の「文化」ともいえるかもしれないが, ここではその議論をするつもりはない. 実は言い切る必要はなく, 不確定性も現象の重要な一部であって, それを客観的に表現して結論としその上で最適の策(先手を打つ)を採ればよい. 逆に確定するまで待つとすれば手遅れになり, かえって被害が多く当事者の責も問われることになる. このような不都合な事態の例はおびただしく多く日本社会に起きてきた. チッソの有機水銀中毒事件も「原因が確定していない」との理由で, 多数の被害者を出しながら何十年もの時間をムダにした不祥事は日本社会独特のスキャンダルで根は深い.

「地球温暖化*」も現実にはほぼ確かだが, 厳密には'高い可能性'である. 現象の規模は地球大であって完全に確定しているわけではない. IPCC(気候変動政府間パネル)は確定性と不確定性の間に可能性の段階的グラデーションを付け, そのグラデーションを年ごとに濃く, 確率を高める柔軟な表現で対応しているにもかかわらず, IPCC に参加している日本ではその工夫の表現自体が社会的に理解されず紛議を引き起こしかねないとして, 腰が引けている. 実際は, 日本では「温暖化はある」(黒)と決めているが――「ある」とは言い切らず, コトバだけは使う「空気」の中で――反論グループもほぼ存在せず事なきを得ているだけである.

天気の確率予報も定着はしたが, 導入段階では予報技術よりも, はたして理解でき定着するかが大問題であった. 統計学者はこの分野の専門家であるが, 機械学習や AI の方法が普及していくなかでユーザーの理解は十分か促進すべきであろう.

*環境白書を読む限り, 「地球温暖化」の出現回数は思いのほか少なく, むしろ「温室効果ガス」止まりの表現が多い.

4.8 「統計的に有意」の意味：「終わりのことば」ではない

　統計学が帰納に基づいていることを「統計的推論」というその用い方には十分注意が必要であり，特に社会に関わる以上「公正」のルールには合わなくてはならない．もともと統計分析には計算の部分があり，ことにデータサイエンスが取り扱う課題では計算量がぼう大なので，ワンタッチで済ませると ‘便利だ’ という威力がある．しかし「統計的」は終わりのことばではない．

　ことに多いのが「統計的に有意」「統計的に有意でない」から一足飛びに断定に結び付ける性急さである．統計的検定を数学的に便利な「手続き」と思っている人は多いが，切れすぎる刃物は危ない．数々の条件や結論の解釈のしかた，さらには批判まである．

> 　統計的には有意である(でない)という結果が出たが，それは重要だが参考である．さらに最終結論が何であるか，参加して正しく検討しよう．

という段取りになる．これはいうまでもないことで，以前はわざわざ注意するテキストもあったが，分析がワンタッチ，クリックに任せられるにつれて，分析者からその素養が消えていっている．　問題によっては危ない場面もある．次の一例を考えよう．

　少年が非行に向かわないように，施策としてどのような状況で，少年が非行に向かうかそれを立案者が予め検討しておく必要がある．かなり以前の研究であるが，グリュックの「少年非行の予測」の要素は何かを統計的にデータ収集して分析した結果がある(表 4.1)．たとえば，非行の有無×生活環境のクロス表を見ると，χ^2(カイ二乗)値は大きく，非行と生活環境には統計的に有意の関連があることが示されている．この結果は軽く見ていいものではない．ここまではいい．

　だからと言って，十分な議論をせずに少年の行動を抑制したり規制すべきだとの結論を出すべきではない．ことがらは人権にかかわることであり，その配慮，さらには責任体制について十分に部内議論すべきである．

表 4.1　非行予測（グリュック・データ）からの結論：団らんとレクリエーション

a. 実数

	非行あり	非行なし
しばしば	11	47
ときどき	150	261
全然なし	333	183
計	494	491

b. ％

	非行あり	非行なし	差
しばしば	2.23	9.57	− 7.35
ときどき	30.36	53.16	− 22.79
全然なし	67.41	37.27	30.14
計	100	100	

カイ二乗＝92.68（df＝2），境界値＝9.21，注：計実数が揃わないと「差」には意味がない．

4.9　「事実」から「意見」は出るのか：ハードな頭の体操

　テッド・コッペル氏（Ted Koppel）はアメリカ ABC ネットワークのニュース番組 'Nightline'（ナイトライン）のメイン・キャスター（anchor アンカー）として有名で，その役は長く 1980〜2005 年まで続いた．

　彼によれば，New York Times や Washington Post におけるトランプ大統領候補に対するコメントは「事実」ではなく，むしろ「意見」opinion 欄に回すべきものである．さすがである，どこまでが‘事実’か．ただし，これは善悪でなく論理（筋道）の問題，つまり「である，でない」から「べき，べきでない」が導けるか，である．なぜなら，「べき，べきでない」は人の意見であり，当然ながら，一通りでない（一通りに定まらない）からである．面白いがきわめて難しい論理の問題である．哲学者は「存在と当為」の問題と呼ぶが，これは言い方そのものが難しい．

　では，説明しよう．頭の体操である．まず，存在は「である，ない（事実）」，当為は「良い，悪い」「べき，べきでない」の価値判断である．三段論法で，「大前提」を A（である，ない），「小前提」を B（同様）とすると，A が正しいかどうか(0, 1)，B が正しいかどうか(0, 1)は決まっている．このとき，「結論」が正しいかどうかは──どのような三段論法であっても──これらの前提の(0, 1)から，ただ一通りに決まることはもちろんである．証明とはそういうものである．ところが，ふつうでも，「国は……をすべきである」「彼（彼女）は

……**すべきである**」というような「結論」が堂々と述べられているが，これは意見であり正しいかどうかは論理的には決まらないのである．これはおかしい．そもそも論法がどこかでルール違反なのだろうか．

「分析哲学」という立場がある．むずかしい感じだが，いちおう「論理」の哲学といってよい．「である」から「べき」が'論理的に導ける'かである．'導いた'のではなく，論者が'入れた'のであるとする厳密な立場である．新型コロナ・ウィルスの報道でも，煽ることを広言してはばからない解説者もいた．学者，専門家でもそのまま知識を政治に直結させる向きが目に余った．日本の嫌な戦前時代を思わせられたが，ウィルスよりも怖かったのではないか，

米国ではメディアがメディアを批判する社会的習慣が確立している．視聴者はあおりの対象ではなく，物言わぬ大人しい羊の群でもない．メディアこそたがいに批判すべきで，視聴者もそのレフリー(審判)の力量を持たなくてはならない．SNS の時代はどうなるのであろう．

第4章　実践力養成問題

4.1　次の調査法のどこが問題か：ある学校において「いじめ」が問題となったので，'いじめたことがあるかどうか'につき，自主的に無記名で申告させた．返ってきた回答を集計したところ，いじめの事実はなかった．

4.2　「三角形の内角の和は2直角である」から五角形の内角の和を演繹しなさい．

4.3　本文に挙げられた

「すべての○○は××である」および「すべての△△は○○である」から　「すべての△△は××である」

を導く三段論法の一形式*を用いる論理命題の例を作りなさい.

*第一格第一式といわれ，'AAA'で表されて Barbara として覚えられた.

4.4 すべての馬をみていないのに，なぜ「馬は四本足」ということができるのか.

4.5 平成14年度交通事故のデータは次のようである．このデータだけをもとにして，これ
から推論されることをその理由とともに2点述べなさい(500字程度).

	全国	都内
発生件数	936,721	88,512
死者数	8,326	376
負傷者数	1,167,865	101,037

※松原望『わかりやすい統計学』第2版，丸善出版より

4.6 ある自治体の環境汚染物質検査地点のある一地点では，かねてより日平均レベルが3.5
前後であったが，ある日4.3を記録した．しかし，これはただ一例で十分なデータとは
いえず，統計学的には問題ないと判断し，特に対応を取らなかった．2日後，3日後も
同等レベルが続き，4日後に汚染物質除去装置が既に故障していることが判明した.
　コメントしなさい.

4.7 次の導き方は適切か検討しなさい.
　　「なんだか古臭い茶碗だね」[①]
　　「全然よくないよ」[②]

※野矢茂樹『論理トレーニング』産業図書より

5章

確率の基礎やりなおし

出会いはいつでも偶然の風の中（さだまさし）

5.1 「確率」には慣れるのが常道

「確率とは何か」 こう論じ始めて「確率」を苦手にする人はかなり多い．日本では数学者，経済学者をはじめ専門の知力の高い人でも逃げ腰になる人も少なくない．むしろ，日本人全体として確率思考が低調で，高校教育における確率の内容も，さすがに最近改善は見られるが，先進国中でもレベルが低い．

次のような言い方をしている本がある*.

> 確率という概念は，実はきわめてやっかいなものである．「確率とは何か」については，後の節で論じるが，最初から込み入った議論をするのは混乱するばかりなので，建前上，確率とは何かはかなりの程度了解されているものとする．

*岩沢宏和『リスク・セオリーの基礎』培風館

この意味は，「やっかい」というのは教え方がよくないと混乱するが，人のふだん常識にある偶然の感じ方から出発すればよく，理論はあとで分かればよい，と解釈できる．

コトバ自体なかった 実際，歴史上は西洋の商人の世界（とりわけ中世の地中海貿易）ではるか昔より通用してきた術だから着慣れた服のように親しみ深いはずで，確率ほど人間にとって合理的なものはない．逆に言うと，こういう高度に「人間的」な世界はAIにはなったとしても，人間とAIの共同二人三脚でいかなくてはならない．

　たとえば，確率は賭けや賭博から始まったといわれる．実は以前はずいぶん
長い間「確率」probability というコトバ自体なく，「7 対 3」「9 対 1」のよう
に「見込み」odds とか「賭け率」で十分に用が足りていた．最初は「確率論」
というむずかしい言葉もなく，「予測術」（ベルヌーイ）とか「チャンスの理論」
（ド・モアブル）といわれた．これを P(A)＝0.7 とか 0.9 などとするのは数学の
理論にするためで，後の時代の話（ラプラス）である．それが現在の高校に続い
ている．

　期待値とは（予測術）　「見込み」からすぐに「期待値」expectation の計算に
なる．期待値とは要するに「予測」で，「どれくらい計算上期待していいかそ
の客観的予測額」のことである．ふだん「期待」というと希望や抱負になって
しまい「受ける以上は合格を期待しています」とか「出場する以上優勝を狙い
ます」とか「最高の売上を期待して全社一丸で！」というハイテンションとは
異なる．実際，保険会社は「損失（被害額）の期待値」まで計算している．理解
のため次はどうだろう．もとは「確率」というコトバさえ出てこない．

　起業　成功すれば 100 万円の利益，失敗すれば 130 万円の損失になる計
画がある．成功の見込みは 7 対 3 である*．この計画は起業する価値があ
るか．期待値を計算し将来予測する．

　　答（ベルヌーイ）　100，－130，7，3 から

$$\frac{7 \times 100 + 3 \times (-130)}{7+3} = 31 (万円)$$

で 31 万円の期待値になる．プラスだから，リスクを承知で起業してよい．

---

*7 対 3 はデータからというよりも**その人の判断**（たとえば企業の経営者）で，後で「個
人確率」とか「主観確率」とか言われる元になる．なお，経済学者ケインズは，確から
しさ自体は哲学的にも非常に重要な考え方であるが，単純に数字にすることなどはそも
そもできない，と主張している．

100 万円が 31 万円に縮小したのは事前にリスクを正しく織り込んだ客観的
数値だからで，もちろん**成功すれば** 100 万円の利益が得られることに変わりは
ない．「成功すれば」という制限がついていて，そこは用心すべきである．

　確率思考の不慣れは日本人全体の傾向で，期待値の論理をつかめない経営者
も多く，国際的な会計基準が「期待値」を要求していることに「将来のことは

わからない」などの反発があると聞いている.

　現代では同じ計算を，現代風に数学的な「確率」に直してから，一発で

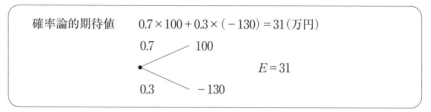

とするが，多少わかりにくくなるだろうか．逆に数学的にはスッキリすると
いう人もいるだろう．そこで，期待値とは

$$E = p_1 x_1 + p_2 x_2 + \cdots + p_k x_k$$

のことである．意思決定の<u>いちおう</u>の平均的な目安となる．あくまで目安であ
り完全なものではないが，それでもないよりはずっと信頼できアテになるもの
である．このことから，欧米流の財務計算が「期待値」を要求するのもそのた
めである．以上の期待値の計算練習は後で行う．

表 5.1　宝くじの当選金と本数，統計的確率

等級	当籤金(円)	本数	確率	備考
1 等	40,000,000	7	0.0000005	千万分の 6
前後賞	10,000,000	14	0.0000011	百万分の 1
組違い賞	200,000	903	0.0000695	
2 等	10,000,000	5	0.0000004	
組違い賞	100,000	645	0.0000496	
3 等	1,000,000	130	0.0000100	十万分の 1
4 等	140,000	130	0.0000100	
5 等	10,000	1,300	0.0001000	一万分の 1
6 等	1,000	26,000	0.0020000	千分の 2
7 等	200	1,300,000	0.1000000	十分の 1
空くじ		11,670,866	0.8977589	
計		13,000,000	1	

このように「期待値」の考え方を学んだので，「宝くじ」（商品名で，正式には「富くじ」）の賞金額の期待値の計算もできる．表5.1は東京都が発行した「宝くじ」の等級と当選金のデータである．

これから計算すると，当選金の期待値は

$$E = 40{,}000{,}000 \cdot (7/13{,}000{,}000) + 10{,}000{,}000 \cdot (14/13{,}000{,}000) + \cdots\cdots$$
$$+ 200 \cdot (1{,}300{,}000/13{,}000{,}000) = 89.41$$

となり，意外に期待値は小さい．それどころか89円という当選金もない．ただ，「思ったより低いもうからないモノだ」とか，購入する人に「そのつもりで買って下さいね」としかいえない．ただし，理由付けがないわけではない．「楽しみ」の費用が経済学的に計算できるのである．

> 「知らない」ことは人生の楽しみ（ヒックス）*
> はずれたとわかるまでの楽しみを111円で買った
> 　　　　*ヒックス『価値と資本』岩波書店

心理学的には4000万円と200円はあまりにも大きく違いすぎ同一のスケールではあつかえないのでは，という考え方も出てくる．そうなればあまりに小さいこの期待値も修正され，意思決定も異なってくるかもしれない．「効用」という考え方がこれに対応する．第8章で取り上げよう．

この際述べておくと，「賭博」は刑法上の犯罪であることは意外と知られていない．賭博とは偶然に対して財物を賭けることである．財物とは，その場で消費する飲食物などの例外はあるが，金品のほかさらには‘およそ人間の欲望を満たすことがら’を意味する．‘偶然とは何か’も問題である．将棋でも先手，後手を決めるのに振り駒を用いるように，完全に偶然のないゲームを考えることは難しい．数理的に言えば，将棋のように「戦略」の要素が偶然を上回れば「偶然のゲーム」とはいえないだろう．

宝くじは発行主体が規制され，地方自治体に限られる．刑法は適用除外されて合法化されている．民間主体が宝くじを発行することは許されていない．しかし，宝くじの抽せんに対して「予測」すると称する非合法まがいのグループが「公正」のクレイマーとして介入することが考えられ，抽選場は警戒でものものしい雰囲気になっている．パチンコで生計を立てている人々はどうなのか．巧妙な仕掛けによっていつも厳重な警備取締の下で，賭博であることを免れている．

5.2 組み合わせ数による確率計算

確率は現実の場や使い方でこそよく理解できるし，逆に理解ができていなければ実際には役立たず，大規模なお金がからむ仕事では危険でもある．きわめて限られた場合なら数学的に計算できることもある．

実際，感覚が数学計算より先立つ例として「ポーカーの確率」がよく知られている．人間はかなり鋭い直観や経験をもっている．ポーカーでは，古くから組み合わせの強さの順序がきまっている．起こりやすいものから

0. ノーペア：　　　 以下に述べるもの以外のすべて
1. ワンペア：　　　 同点数のペアが1組
2. ツーペア：　　　 同点数のペアが2組
3. スリーカード：3枚が同点数
4. ストレート：　 種類を問わず連続点数(ただし，8.，9.を除く)
5. フラッシュ：　 すべてが同種類(注意同上)
6. フルハウス：　 3枚が同点数と2枚が同点数
7. フォーカード：同点数が4枚
8. ストレートフラッシュ：5枚が同種類で連続点数
9. ロイヤルストレートフラッシュ：同種類のA，K，Q，J，10

これは，経験で成立した順序であって，人間の偶然現象に対する直観を表しているといえる．この順序は，確率の計算の上でも正当なものであろうか．現代的にラプラス流に計算してみる．

まず，順序を問題にしないから，5枚のカードのぬきかたは，組み合わせの数として

$$n = {}_{52}C_5 = 2{,}598{,}960$$

ある．それぞれの組み合わせの起こり方の数 n_0, n_1, $\cdots$, n_9 は次のように高校数学の問題になる．

$$n_1 = 13 \cdot {}_{12}C_3 \cdot 6 \cdot 4^2 = 1{,}098{,}240, \quad n_2 = {}_{13}C_2 \cdot 11 \cdot 6 \cdot 6 \cdot 4 = 123{,}552,$$

$$n_3 = 13{}_{12}C_2 \cdot 4 \cdot 4^2 = 54{,}912,$$

$$n_4 = 10 \cdot 4^5 - (n_8 + n_9) = 10{,}240 - (36 + 4) = 10{,}200,$$

$n_5 = 4 \cdot {}_{13}C_2 - (n_8 + n_9) = 5,148 - (36 + 4) = 5,108,$

$n_6 = 13 \cdot 12 \cdot 4 \cdot 6 = 3,774,\quad n_7 = 13 \cdot 12 \cdot 4 = 624,\quad n_8 = 9 \cdot 4 = 36,\quad n_9 = 4,$

$n_0 = n - (n_1 + n_2 + \cdots + n_9) = 2,598,960 - 1,296,420 = 1,302,540$

表 5.2　ポーカーの手の組み合わせの数と確率

強さの順	カード5枚の「手」	組み合わせの数	確　率
1	ワン・ペア	1,098,240	0.4225690
2	ツー・ペア	123,552	0.0475390
3	スリー・カード	54,912	0.0211285
4	ストレート	10,200	0.0039246
5	フラッシュ	5,108	0.0019654
6	フル・ハウス	3,744	0.0014405
7	フォー・カード	624	0.0002401
8	ストレート・フラッシュ	36	0.0000139
9	ロイヤル・ストレート・フラッシュ	4	0.0000015
—	（ノー・ペア）	1,302,540	0.5011774
	計	2,598,960	0.9999999（丸めの誤差を含む）

注：ポーカー Poker は西洋社会で古くから行われているカード・ゲームで，フォン・ノイマン，モルゲンシュテルンの有名な『ゲーム理論と経済行動』にも，見事に数学的に分析されている．

先の奥深さ　したがって，各確率の数値はこちらかを $n_0,\ n_1,\ \cdots,\ n_9$ を n で割って求められる割合で，次の表5.2がその結果である．これをみるとわかるように，場合の数は一貫して正しい順序で減っており人間の確率の経験もかなり正確なものである．中でもフルハウスとフラッシュはかなり肉迫しており，長い経験を積み重ねることによってのみ，この正確さが得られたものである．

計算ができたので問題が片付いたわけではないところが「確率」の奥深い所である．実際，決してこのルールにしたがって現実に出るわけではない．明日ロイヤル・ストレート・フラッシュが出てもおかしくない．

確率でも「予言」はできない：「予測」と区別

「確率」は「ランダムさの法則」The Law of Randomness であって，数学的にはランダムにも「法則」があるといっているだけである．したがって，そこはきわめて微妙で，この法則を知っていても現象がランダムであることに変わりはなく，予言ができるということでは全くない．

「予測」は現在から見た統計的確率による平均値である．

5.3 ベル型カーブの出現

確率ではいつもコインとさいころ（賽のこと，日本語だから「サイコロ」ではない）がでてくる．さいころはもともと正6面体（立方体）だが，$n = 4$ の正四面体さいがコンパクトで扱いやすく，展開図から工作でも容易に作れる $X = 1, 2, 3, 4$ に対し確率は各 $1/4$ である．

2回投げると和が $X_1 + X_2 = 2, 3, \cdots, 8$ の確率はそれぞれ

$$1/16, \quad 2/16, \quad 3/16, \quad 4/16, \quad 3/16, \quad 2/16, \quad 1/16$$

であるのは組み合わせからすぐわかる．4回投げるときの和

$$S = X_1 + X_2 + X_3 + X_4$$

の確率分布の計算は多少メンドウだが，意外に難しくない（表5.3）．章末問題 5.4 を参照のこと．これは一般に「たたみこみ」convolution といわれている．

表 5.3 4面体さいを4回投げた場合の目の和
場合の数は，エクセルで小学生でも簡単にできる．

x	4	5	6	7	8	9
f	1	4	10	20	31	40
p	0.0039	0.0156	0.0391	0.0781	0.1211	0.1563

10	11	12	13	14	15	16
44	40	31	20	10	4	1
0.1719	0.1563	0.1211	0.0781	0.0391	0.0156	0.0039

　これを図（図 5.1a）にすると，出てきた確率分布は何と（ほとんど）正規分布の
ベル型カーブ（図 5.1b）なのである．これは深淵な中心極限定理の場合の一例
で，画用紙一枚で宇宙法則があらわせるところが深淵である．

中心極限定理

　たがいに無関係でばらばらに出る（独立といわれる）確率的な変数で，出
方の確率分布がすべて共通なら，その和の出方は個数が限りなく大きくな
るに従い，正規分布に近づく．

　正規分布のパラメータはもとの分布から決まる．

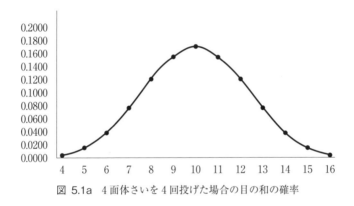

図 5.1a　4 面体さいを 4 回投げた場合の目の和の確率

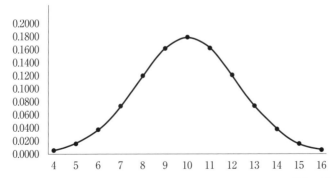

図 5.1b　最も近い正規分布（中心極限定理）．8〜9，11〜12 の周辺が微妙に異なる．

実際，正四面体さいころ一回（あるいは1個）について

期待値 $= (1/4)\cdot 1 + (1/4)\cdot 2 + (1/4)\cdot 3 + (1/4)\cdot 4 = 5/2$

分散 $= (1/4)(1-5/2)^2 + \cdots + (1/4)(4-5/2)^2$

$\qquad = (1/4)(1^2+2^2+3^2+4^2) - (5/2)^2$ （公式）

$\qquad = 30/4 - 25/4 = 5/4$

したがって（分散は独立性によって），4回（4個）の和 S は

期待値 $= 4\cdot(5/2) = 10$，分散 $= 4(5/4) = 5$

よって，正規分布を計算してさしつかえないから，エクセルで

NORM.DIST $(x, 10, \sqrt{5}, \text{FALSE})$　　$x = 4 \sim 16$

で図が得られるがかなり近い．

ここでいろいろと確率計算を演習してみよう．

・確率 $P(S \geq 13)$ を　(i)もとの確率分布で，(ii)正規分布で求める．

まず，(i)に対して

$$P(S \geq 13) = 0.0781 + 0.0391 + 0.0156 + 0.0039 = 0.1367$$

(ii)正規分布では $P(S < 13) = 0.910$ から $(S \geq 13) = 0.090$ で分布の端部（裾 tail）ではあまりいい近似ではない．精確にするには回数を増やせばよい．

$X_1 + X_2 + X_3 + X_4$ 100通りのシミュレーション　エクセルは正規分布の乱数プログラムを持っているので $N(10, 5)$ の正規乱数発生の演習を実行しよう．ただし標準偏差 $\sqrt{5}$ を指定すること．

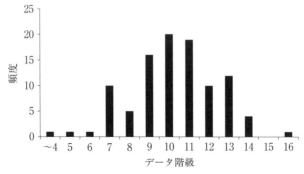

図 5.2　N(10.5)正規乱数のヒストグラム：平均 = 9.788，SD = 2.118

8.883　10.079　9.134　13.520　4.765　9.092　5.345　10.742　9.337　9.033
9.662　3.978　12.980　7.684　12.030　9.126　10.151　6.822　9.892　10.870

これをヒストグラムで統計的に集約すると図5.2となる．もとの確率分布が正規分布であること，それから生じた現実の統計数字(サンプル)が正確に正規分布であることとは別である．

5.4　確率過程：確率論の中心課題

コイン(±1)を投げる投げ方も，何個かを一度に投げるより1回ずつ(統計学のことばでいうと，時系列的に)投げてゆき記録をとると，確率的なランダムな列(数列)ができる(表5.4)．

表 5.4　単純ランダム・ウォーク

X	1	1	−1	1	1	−1	−1	1	1	1	−1 ···
S	1	2	1	2	3	2	1	2	3	4	3 ···

一般に「数列」でも各項が確率的な数である場合，これを「確率過程」という*．むずかしそうに聞こえるが，実は親しみ深く「確率論」ができ上がる以前から多くの学者(ウィーナー，レビー，マンデルブローなど)の関心を引いてきた．応用も多いが，次のランダム・ウォークはそのわかりやすい教育的な例である．確率過程などという言い方をしなくてもいいかもしれない．

*この場合の「確率(的)」は probability ではなくストカスティック stochastic であり，偶然的(現象)を意味する．

±1からできるランダム・ウォーク　コインを投げ結果を X＝1(表)，0(裏)と仮定すれば，n回のXの和を

$$S_n = X_1 + X_2 + \cdots + X_n$$

はn回中の表の回数に他ならない．しかし，ここで0でなく

$$X = 1(表), \quad -1(裏)$$

と変え，nについてみると，S_nは「ランダム・ウォーク」Random Walk とい

われるものになる．±1 は 1/2 ずつだから「対称ランダム・ウォーク」という（図5.3）． ランダム・ウォークは人がフラフラと酔っぱらってランダムな歩き方をする様子から「酔歩」と訳されていた．さらにその前は，'さまよう'をむずかしく言った「彷徨」と言われたこともある．ランダム・ウォークは観察する面白さがあるが，株式や債券投資のモデルの重要な要素で，「金融工学」の基礎となっている．この分野は急速な進歩を遂げており，確率基礎が要求されている．

エクセルでも確率 1/2 は[0，1]上の一様乱数 U を出し

$$U \geqq 0.5 \text{ なら } 1, \quad U < 0.5 \text{ なら } -1$$

とすれば作成できる．エクセルでは・を U のセル番号として

$$IF(\cdot < 0.5, \ -1, \ 1)$$

として $X = \pm 1$ を発生させ，あとは順次 $S_{n+1} = S_n + x_{n+1}$ のセル操作でよい．図5.3 は $n = 1, 2, \cdots, 1000$ としてシミュレーションした*．

*1000 回は多く 1 刻みの区切りはほぼゼロで，実質上は，「ブラウン運動」と言われる．

ここで，±に差をつけるために，コインを画鋲に変え，

$$X = 1(\text{針が上}), \quad -1(\text{針が下})$$

であるが，±1 の確率はそれぞれ 2/3，1/3 としておこう．したがって

$$U \geqq 1/3 \text{ なら } 1, \quad U < 1/3 \text{ なら } -1$$

として作成する．これは対称ランダム・ウォークでなく，＋方向へ流れてゆ

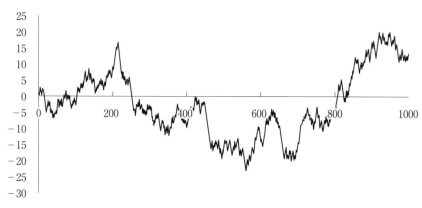

図 5.3　対称ランダム・ウォーク($n = 1000$)

く（2/3＞1/3 だから当然のこと）「ドリフト」（流れ）のあるランダム・ウォークである．

ランダム・ウォークの確率　簡単そうだが意外にめんどうである．もっとも，最初の出発点付近ならそう困難ではなくいい演習になる．もとの確率は $+1$ が $2/3$，-1 が $1/3$ としよう．$n=2$ として S_2 は直線上の 2, 0, -2 の 3 通りの偶数に限られる．それぞれの確率は，例えば 2 なら $0{\to}1{\to}2$ と $+1$ ずつ進む場合などから，

$$\mathrm{P}(S_2=2)=\left(\frac{2}{3}\right)\times\left(\frac{2}{3}\right)=\frac{4}{9},$$

$$\mathrm{P}(S_2=0)=\left(\frac{2}{3}\right)\times\left(\frac{1}{3}\right)+\left(\frac{1}{3}\right)\times\left(\frac{2}{3}\right)=\frac{4}{9},$$

$$\mathrm{P}(S_2=-2)=\left(\frac{1}{3}\right)\times\left(\frac{1}{3}\right)=\frac{1}{9}$$

たしかに，合計は 1 となる．かつ 2/3＞1/3 だから 1 が -1 より**優勢**で大きい方への流れがあり，2, 0 にほとんどの確率が集中している．

もし余裕があれば先に進むのも発展があって面白い．例えば期待値は，

$$E(S_2)=2\cdot\left(\frac{4}{9}\right)+(-2)\left(\frac{1}{9}\right)=\frac{2}{3}\quad\cdots2\left(\left(\frac{2}{3}\right)-\left(\frac{1}{3}\right)\right)$$

分散は定義通りなら，めんどうで

$$V(S_2)=\left(2-\left(\frac{2}{3}\right)\right)^2\left(\frac{4}{9}\right)+\left(0-\left(\frac{2}{3}\right)\right)^2\left(\frac{4}{9}\right)+\left(-2-\left(\frac{2}{3}\right)\right)^2\left(\frac{1}{9}\right)$$

だが，これをパスするよく知られた公式を用いて，2/3 は最後にまとめて扱い

$$2^2\cdot\left(\frac{4}{9}\right)+0^2\cdot\left(\frac{4}{9}\right)+(-2)^2\cdot\left(\frac{1}{9}\right)-\left(\frac{2}{3}\right)^2 \qquad\text{（公式）}$$

$$=\left(\frac{20}{9}\right)-\left(\frac{4}{9}\right)=\frac{16}{9}\quad\cdots2\left(4\cdot\frac{2}{3}\cdot\frac{1}{3}\right)$$

でもよい（…はまとめである）．ここで思い切って早合点を許してもらえるなら，一般に期待値 E と分散 V については，とにかく

$$E(S_n)=n(p-q),\qquad V(S_n)=4npq,\qquad\text{ただし}\quad 1-p=q$$

とまではわかる．

ではその確率はどうなるか．たとえば $n=20$ のとき，上のような計算をす

るのはほとんど絶望的である．実は強力な「中心極限定理」がほとんどそれと変わらない答えを一発で出してくれる．$p-q=1/3$，$4pq=8/9$，$n=20$から

正規分布　　$N(20/3, 160/9)$

となることがわかる．

サッとブラウン運動へ　実際にはランダム・ウォークは使い勝手が良くない．ブラウン運動へ飛んでみよう．実際には，時間は1，2，3，4，……のようにとびとびに（離散的という）粗く動くわけではなく連続的に動く．そこで，1時間を'目に見えぬ'の程度まで細かく，たとえば1/1000刻みにしてみよう（エクセルで1000回出し，横軸を圧縮）見えるギザギザ？はなくなる．このようにして，無限に時間刻みを0に近づけたランダム・ウォークを「ブラウン運動」Brownian Motionという．

　　（i）ある時間幅には極めて多数の細かいランダム・ウォークが加えられて
　　　　入っているから，中心極限定理から確率分布は正規分布
　　（ii）その正規分布は$N(n(p-q), npq)$

となる．たとえば，上の例では，$p-q=1/3$，$pq=4/9$である．時間はnでなく連続時間tとし，またランダム・ウォークのp，qも$\mu=p-q$，$\sigma^2=4pq$と書かれる．

　　応用の一つとして

フィンテック（金融工学）への応用
株式や債券の価格は平均もばらつきも確率的に時間とともに変動し，ランダム・ウォーク（実際は時間を連続的にみるのでブラウン運動）に従うとして計算される．

　　時間tのときの価格は正規分布

$$N(\mu t, \sigma^2 t)$$

で表される．μを「ドリフト」といい利得の平均的上昇（下降）率，σを「ボラティリティー」といい価格のばらつきの増加率を表す（図5.4）．ふつうはtを動かして，位置がランダムに上下するのを観察する．これ以降は8章にゆずろう．

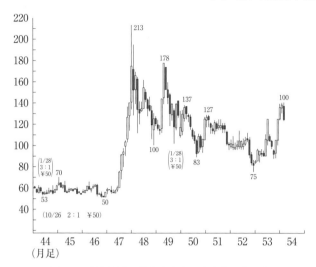

図 5.4　株価罫線：株価を表す日本独特の表現法
白が上昇，黒が下降を表すが，ランダム・ウォークのモデルがある．

　このように，ランダム・ウォークは単に ±1 の和でかんたんそうだが，意外に理論は深く高等であるのが不思議な面白さである．確率分布論や中心極限定理を用いればすなおに理解できる．それは他の機会としよう．

5.5　「情報」につながる確率：暗号化する，暗号を解く

　統計学やデータサイエンスとならんで「情報」が日本でも本格的に重要視されている．共通テストでも「情報」として出題が始まっている．本書も「情報学」ではじまっているが，実際には，情報の学びには確率が中心の一つであることは「エントロピー」や「尤度」で学んだとおりである．

　暗号化の一端として情報での確率があり，0，1 に「符号化」することをエントロピーとのつながりでみてみよう．ここで，通信回線やコンピュータのCPU メモリーは物理的に {0，1} しか持てないこと，および「エントロピー」ももとは通信の‘桁数’（ビット）が単位であったこと，短く符号化すればそれだけ多くの情報を表せることを確認しておこう．デジカメやスマホの画像が鮮

明なのも画面の画素(ピクセル)数を大きくとれるからであり,それは1画素の情報(色情報)を効率的に短縮した符号化によるのである.

グラデーションの符号化　まず符号化を説明する.色彩もデジタル符号化によって通信できる.明るさ(明暗)を16段階(階調)で,たとえば黒を0000,白を1111として途中を

$$0000,\ 0001,\ 0010,\ 0011,\ \cdots,\ 1111 \quad (4 \text{ビット})$$

のように表す.これで粗いならさらに滑らかにする「グレイスケール」はデジタル機器では通常8ビット,256階調として表される.

符号化のパズル　シャノンの共同研究者ファノ(Fano)はエントロピーと結びつけて文字(キャラクター)に0,1の符号を効率的に与える方式を示した.もともとエントロピーは文字を2進表示した際の必要桁数(実は表示し切れない分それより若干大きい)の意味がある.簡単のためにA,B,C,D,Eの5文字言語があり,生起確率が表5.5のように確率の順になっていたとしよう.そうでなければ並びなおせばよい.

表 5.5　生起確率による最適符号(ファノ)

	A	B	C	D	E
回数	15	7	6	6	5
確率	0.385	0.179	0.154	0.154	0.123

1. まずおおむね確率を折半するように分割する(折半する所がポイント)

$$A \quad B \quad | \quad C \quad D \quad E$$

2. 左側に0,右側に1を与える

$$\underline{A \quad B} \qquad \underline{C \quad D \quad E}$$
$$\quad 0 \qquad\qquad\quad 1$$

3. 第2の分割に進み,同様の方法で0,1を与える

$$A \qquad B \quad | \quad \underline{C} \quad | \quad \underline{D \quad E}$$
$$0 \qquad 1 \qquad 0 \qquad\qquad 1$$
$$\qquad 0 \qquad\qquad\qquad 1$$

4. 3度目に進む

A	B	C	<u>D</u>	<u>E</u>
			0	**1**
0	1	0	1	
0			1	

これで完成し，A〜Dは

符号化のルール

$$A \ \rightarrow \ 00(2), \quad B \ \rightarrow \ 01(2), \quad C \ \rightarrow \ 10(2),$$
$$D \ \rightarrow \ 110(3), \quad E \ \rightarrow \ 111(3)$$

のように符号化(encoding)される．（ ）は桁数(ビット)

0, 1, 11 はあらわれないので，先頭から(後を考えず)一通りに

$$0\,1\,1\,1\,1\,1\,1\,0 \ \Rightarrow \ BED(ベッド)$$
$$1\,0\,0\,0\,0\,1 \quad \Rightarrow \ CAB(タクシー)$$
$$0\,1\,0\,0\,1\,1\,0 \quad \Rightarrow \ BAD(悪い)$$

のごとく元の文字(キャラクタ)を復号化(decoding)できる．最初の符号

$$0\,1\,1\,1\,1\,1\,1\,0 \qquad は \qquad 0\,1\,|\,1\,1\,1\,|\,1\,1\,0$$

と区切る以外ない．

平均符号長とエントロピー　この符号化法の平均符号長は

$$L = 0.385 \times 2 + 0.179 \times 2 + \cdots + 0.123 \times 3 = \mathbf{2.28}(ビット)$$

となる．読者はここにも「ビット」が思いがけなく表れたのは驚きだろうが，もともと2進法による「桁数」なのである．一方，エントロピーは

$$H = -\log_2 0.385 - \cdots - 0.123 \log_2 0.123 = \mathbf{2.186}(ビット)$$

なので，原理的にはうまく符号化して平均桁数をさらに短く効率化する余地がある．シャノンは確率がおおむね1/2になるたびに1桁増やす方法を考え

$$A \ \rightarrow \ 2桁, \quad B, C, D, E \ \rightarrow \ 3桁$$

とし，かつ一通り復号可能の条件を満たすように

$$A \ \rightarrow \ 00(2),$$
$$B \ \rightarrow \ 010(3), \quad C \ \rightarrow \ 011(3), \quad D \rightarrow 100(3), \quad E \ \rightarrow \ 101(3)$$

と符号化した．この平均符号長は L=2.62 でファノの方が効率的である．

　後日，ハフマン(Huffman)の符号化は

　　A → 0(1)，B → 100(3)，C → 101(3)，D → 110(3)，E → 111(3)

で，L＝2.23 はファノよりもよく，一段とエントロピーに近づいている．

第5章　実践力養成問題

5.1　ポーカーのロイヤル・ストレート・フラッシュと宝くじの一等の出方の確率の大きさを比較しなさい．

5.2　A氏は外国で次の賭けを行おうと考えた．
　　カードをとり，絵札が出れば35ドルを得，出なければ3ドルを失う．賭けの参加料は6ドルである．参加すべきか．
　　※これは企業の研究開発プロジェクトのモデルとして同じことができる．

5.3　2つのサイコロの目の和の場合の数は次のように求められる：
$$(x^6 + x^5 + x^4 + x^3 + x^2 + x)^2$$
　　の各次数の係数が目の和(12〜2)の場合の数を与えることを示しなさい．複雑を避け文字 'x' は略してよい．
　　※高校数学の初等レベルである．

5.4　ⅰ）四面体のさいについて前問と同様の計算をしなさい．
　　ⅱ）(1)の結果をさらに二乗して4つの四面体さいの目の和の場合の数を求めなさい．
　　※エクセル表計算による．

5.5　4個の四面体さいの目の和 S について
　　　ⅰ）条件付確率　$P(S=k|S≧13)$,　　$k=13,14,15,16$
　　　ⅱ）条件期待値　$E(S|S≧13)$
　　を求めなさい．

5.6　第 5 節の暗号化ルールによって，暗号 11011100110 を復号化しなさい.

5.7　$k=2$ の場合のエントロピー
$$H(p)= -p\log_2 p-(1-p)\log_2(1-p), \quad p=0\sim 1$$
の最大値を求めなさい. グラフも表すこと.「当たるもはっけ，あたらぬもはっけ」の
意味は何か.

6 章

ベイズ統計学で確率を役立てる

言語は次の点で人間に似ている．各々が特異性を持っていて，それによってお互いが区別されるのだけれども，同時に，すべてが，ある特質を共通に持っているという点である．（チョムスキー）

6.1　原因の確率：臨床検査

近々，入試にも入ってくる統計と確率の題材として，「ベイズの定理」がある．それは人のふつうの考え方の共通ルールであって，論理というよりは自然さからむしろ「文法」に近い．つまりは最初の AI なのである．

ベイズ統計学の予告編として「PCR 検査」や「人間ドック」，がん治療の「腫瘍マーカー」で用いられる診断の論理を学んでみよう．検査においては，疾患があるから検査結果が出る．診断はその検査結果から，それをもたらした原因の疾患を事後的に推論することで，ちょうど逆方向をたどっている．

疾患を D，それにかかっていないことを $\overline{D}$，検査の陽性を $+$，陰性を $-$ としておこう．D，$\overline{D}$：$+$，$-$ の組み合わせは図の通り T，F，P，N の 4 通り，その頻度を一般に a, b, c, d とする．F は「フォールス」と読む．

表 6.1　検査・結果のクロス表：TP，TN，FP，FN

＜例＞	D	$\overline{D}$
＋	真陽性：TP(True Positive) 60(a)	偽陽性：FP(False Positive) 21(b)
－	偽陰性：FN(False Negative) 30(c)	真陰性：TN(True Negative) 189(d)
	90(a＋c)	210(b＋d)

良い検査　検査の質は，＋の率でいうと

真陽性率＝D 中の＋の率，偽陽性率＝$\overline{D}$ 中の＋の率

で決まり，これから

> **検査側の２つの指標**
>
> 感度＝真陽性率，特異度＝1－偽陽性率
>
> がともに高い検査が良い検査である．

ことに，特異 specific とは'とくに……だけ'を意味し，感度のほか，検査がその疾患だけに反応することをいう．例のデータ(表6.1)は，D が 90 人，$\overline{D}$ が 210 人だから

真陽性率＝60/90＝0.667(66.7%)，偽陽性率＝21/210＝0.10(10%)

したがって，統計的確率として

感度＝0.667(66.7%)，特異度＝1－0.1＝0.90(90%)

となる．診断の有効性として臨床的に重要な２指標であり，ちなみに尿検査，血糖検査(糖尿病)，聴力検査(難聴・聴力障害)，貧血検査(ヘモグロビン濃度)，腎機能検査(クレアチニン)，子宮頸がん検診などで文献報告がある．(矢野，小林，山岡)

診断の側から　D，$\overline{D}$ ごとにタテに見るのが「ふつう」の統計だが，診断の側からは，＋あるいは－を得てその原因がほんとうに D あるいは $\overline{D}$ である率こそが知りたい．それをヨコに＋－ごとに見て，陽性あるいは陰性反応的中度(正診率)を

＋を得て D である率，－を得て $\overline{D}$ である率

で測ればよい．図の例ではそれぞれ

的中度(正診率)　60/81＝0.740(74.0%)，189/219＝0.863(86.3%)

となって，まずは満足すべき成績である．これらはいずれも診断側から見て原因疾患の有無を正しく診断する正診率で，一般に「原因の確率」と言われるが，この考え方こそ「ベイズの定理」の内容である．

ただし，すべての式は D，$\overline{D}$ の何人ずつ集めて調べたかに大きく左右される．今の場合，90 人，210 人で 3：7 で $\overline{D}$ が多いが，この開きがさらに大きくなる(有病率が低下する)につれ，適中度(正診率)は当然悪化する．いずれにせ

114

よ，この D 対 $\overline{D}$ のあらかじめ決めた率を確率で 0.3，0.7 と表し，これはベイズの定理では「事前確率」といわれる．では，次に進めよう．

6.2　ハンカチ問題の葛藤：最初の例

こういう悩みの問題がある．ネットの「ハンカチ・プレゼント」には
　　—ハンカチは漢字で「手巾」と表され「てぎれ」と読むことから，別れや絶交という意味を持っています．**また，ハンカチは涙を拭く時**に使う事も多いので別れのイメージも強いです—
という文化があるとの注意がある．著者も以前次のようなストーリーで「ベイズの定理」を説明したことがある．

　問　男性が私（女性）にハンカチをくれました．これは，私を愛しているからでしょうか，それとも，もう私を愛してない別れの気持ちからでしょうか．いくら考えても思考がカラマワリして，もう気が狂いそうです．

　答　なるほど，愛しているかいないかどちらかただ一つと考えれば，わからない以上悩むのはあたりまえだ．しかし，そんなことをいくら続けても堂々巡り，循環の悪無限だね．逆に，わからないからこそ，あえて両方（2つ）あると考え，それぞれの可能性を推量してみたらどうかな？　実際，ハンカチをくれたという事実があるのだからね．愛しているなら，はたしてハンカチをくれるか，愛してないならどうなのか．このことからどちらの意図がどの程度真実かは自然に出てくる．順序よく考えていくのが筋道が立っているね．

　問　え？　両方って，愛していてかつ愛していないということですか．

　答　そうじゃなくて，どちらか1通りでも，どちらかわからない以上2通り考えておいても決してムダにはならないはずだ．あなたは，愛していないという事態を考えたくないのでは？

わざとらしいが，ベイジアン（ベイズ統計学的）の論は，この傍点部によくあらわれている．ここでは「意図」が現象の「原因」になっている．現代的で全

く同じプロットのチョコ・プレゼントのストーリーで進めよう．

6.3　チョコ・ベイズ問題：義理 vs 本命

ベイズの定理の本論である．数字で解説したのちに次節で公式を出そう．

チョコが来た，これは本命か義理か？多くの男性（あるいは女性，以下では男性とする）が気に病むところだが，これは‘本命’と‘義理’を2通りの原因とするベイズの定理である．

完全な自信はないが以前から本命が10中7くらいと確信していた（表6.2）．本命ならくれる確率は当然高いだろうが（0.65），女性がハニカミやだったらくれないかもしれない（0.35）．義理なら，社会習慣だから本人の意思に関係なくどちらでもよいのだろう（0.5）．

表 6.2　原因ごとの結果の確率（尤度）

	本命	義理
事前確率	0.7	0.3
確率（尤度）		
くれる	0.65	0.5
くれない	0.35	0.5

くれる場合とくれない場合に分け，図示，整理する．原因は本命，義理2通りありうるという様子がよくわかる．ベイズの定理ではよくある図である．この矢印を逆転して，どちらがホントらしいか知りたい．多少の手がかりで，「事前確率」は本命，義理の0.7，0.3である．彼の以前からの‘思い’である．

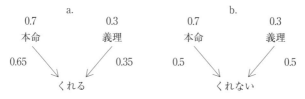

図 6.1a, b　尤度：ベイズの定理の元

＊以上は小島寛之氏の創案による．

さて問題の答えはどうなるか．くれる場合とくれない場合が 2 通りになる．まず「くれる」という条件の下では，0.7 より上り

本命の条件付き確率は

$$P(本命 \mid くれる) = \frac{\textbf{0.7} \times 0.65}{\textbf{0.7} \times 0.65 + \textbf{0.3} \times 0.35} = 0.752\,(\uparrow)$$

※条件付き確率は｜で表すのが国際標準である．

となる．これが「ベイズの定理」である．図 6.1 の左側をみながらあてはめてみよう．

① 分母の 0.65，0.35，分子の 0.35(本命)に注目，分母には両方入る．

② 0.7，0.3 も条件として入ってくる．分子の 0.7(本命)に注目．（以上）

くれた後の確率なので，事前確率と区別して「事後確率」という．これを比較すると，0.7 ⇒ 0.752 と上がっている（もう少し上がりたいが……）．これがベイズの定理のポイントである．

他方，義理の場合は分子だけを 0.3×0.35 とするが，本命の反対(否定)だから，したがって

$$P(義理 \mid くれる) = 1 - 0.752 = 0.248\,(\downarrow)$$

のほうがカンタンである．

次に，くれない場合は，0.7，0.3 は変らず，右側をあてはめ 0.5，0.5 と入る．

$$P(本命 \mid くれない) = \frac{\textbf{0.7} \times 0.5}{\textbf{0.7} \times 0.5 + \textbf{0.3} \times 0.5} = 0.5\,(\downarrow)$$

$$P(義理 \mid くれない) = 1 - 0.5 = 0.5\,(\uparrow)$$

以上であるが，公式は次節にまとめた．

事前-事後比較　ここで，↑↓は事後確率の事前確率と比べて上ったか下ったかを示している．くれれば本命は上り，義理は下る．くれなければ本命は下り，義理は上る．心理的にあたりまえであるが，この本命の事後確率の上り方

あるいは下り方(変化の度合)は事前確率で割算をする．別々に計算すると

くれる場合：事後確率は多少上り

$$\frac{P(本命 \mid くれる)}{P(本命)} = \frac{0.752}{0.7} = 1.074(倍)$$

くれない場合：事後確率はかなり下り

$$\frac{P(本命 \mid くれない)}{P(本命)} = \frac{0.5}{0.7} = 0.714(倍)$$

かれは最初から確信していたから，くれない場合は影響は大きい．

ベイズ因子　これらは本命についてだけだが，一本で証拠力を計算するのがこれから述べる「ベイズ因子」である．くれる場合，本命対義理の事後確率の比(オッズという)0.752 対 0.248 が事前確率からベイズの定理でどう(有利に)変わったのかを見よう．分母は共通なので消え

$$\frac{0.752}{0.248} = \left(\frac{0.65}{0.5}\right) \times \left(\frac{0.7}{0.3}\right)$$

事後確率　　　　　　事前確率

つまり 3.03=1.3×2.33 で本命は義理に対し，2.33 倍から 3.03 倍へ 130％も有利な証拠になっている．この役割はベイズの定理の 0.65/0.5 によっている．これを「ベイズ因子＊」Bayes Factor といい，

$$BF = 0.65/0.5 = 1.30$$

であらわす．くれる場合 BF＞1 なので本命有利の証拠になる．

一般に BF＞1 ならデータは仮定(仮説)に対するエビデンスになる．したがって，ベイズ統計学の場合の仮説検定の P 値の考え方に近い．ただし，大小関係は逆になる．

＊掛け算，割算の要素を因数というが，慣習にしたがう．この考え方はジェフリーズ(Jeffreys)によってはじめられた．

予測分布　事前と事後を比較する最後は「予測分布」である．チョコの来る確率 0.65，0.5 は条件付きで，‘本命なら’，‘義理なら’の別々であるが，もともと事前確率の割合で混ざっており，チョコの全確率は

$$\mathbf{0.7} \times 0.65 + \mathbf{0.3} \times 0.5 = 0.605$$

である．ちょうどベイズの定理の分母である．一回目のチョコ以後は，事前確率は事後確率に更新され

$$0.752 \times 0.65 + 0.248 \times 0.5 = 0.613$$

となる．ここで事後確率分布を用いた全確率を「予測分布」といい，最近のベイズ統計学の主題の一つになっている．

6.4 ベイズの定理：式であらわせば

この節で「ベイズの定理」の公式を与えるが，すでに本節で内容は済んでいるので応用としては確認のためである．飛ばしてもよい．

K 通りの複数原因 A_1, A_2, $\cdots$, A_k のどれかから結果 B が起こった．このとき，次のことを仮定する．

ⅰ）原因はたがいに排反　　原因は必ず A_1, A_2, $\cdots$, A_k のうちのあるただ一通りが可能で，かつ重ならない．

ⅱ）事前の確率　　原因である程度として確率

$$P(A_1),\ P(A_2),\ \cdots,\ P(A_k)$$

がある．最初の段階では与えられたデータはなく，ほとんどすべての場合個人確率（主観確率）である．

ⅲ）因果関係あるいは尤度（ゆうど）　　原因が決まればその原因から結果 B が起こる確率が，条件付確率で

$$P(B|A_1),\ P(B|A_2),\ \cdots,\ P(B|A_k)$$

のように決っている*．これを確率的因果関係ということがある．

*条件確率の記号：$P(\bigcirc|\times)$ が国際標準であり，最近はほぼ例外もない．

図 6.2 で〇の確率が $P(A_i)$，矢印が $P(B|A_i)$ に当たる．

以上のもとで，結果 B が起こったとしそれがそれぞれの原因 A_i から起こったことの事後確率は条件付き確率から

$$P(A_i|B) = \frac{P(A_i) \cdot P(B|A_i)}{P(A_1)P(B|A_1) + P(A_2)P(B|A_2) + \cdots + P(A_k)P(B|A_k)}$$

で計算される．やや複雑な原理に見えるが，分母はあるパターンの繰り返しで見かけほどではない．これは簡単に高校教科書にもあるように単に P(B) と省略されるが，結局はこの式の計算になる（図 6.2）．

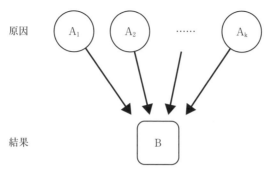

図 6.2　ベイズの定理の基本図：これに確率がつく

　$P(A_i)$, $P(A_i|B)$ を A_i の「事前確率」,「事後確率」という.

6.5　ベイズ判別分析：AI に対応

　機械学習でデータから顧客の年齢, 性別, 階層を判別することは十分可能だが, ブラックボックスであり「なぜ」の論理が十分でないという点がきがかりである. もともと多変量のデータからカテゴリー（分類）を判別するには, ①線形判別関数, ②ベイズ判別がある. ①はかなりの計算（線形代数の演算）が必要であり, かつ最後のキメ手を欠くが, ②は多少の計算があるものの筋がハッキリしており, 判別先が指示されるというメリットがある. マイクロソフトがはじめて挑戦したのは, ベイズ判別による「ナイーブ・ベイズ・フィルター」であった. ベイズ判別をわかりやすく, 中途計算は省略して解説しよう.

　つぼのモデルで　ここまでは, 原因は 2 通り（本命 vs 義理など）であった. ベイズの定理の公式をみると何通りでもよい. K 通りのどれが原因であるか, データを元にしてその事後確率が出るから最大事後確率が判別先になる. よく用いられる‘つぼから色の玉を取り出す’モデルでまず練習しよう.

解けますか.

Q　3 通りのつぼ A_1, A_2, A_3 があり, 赤玉（R）, 白玉（W）がそれぞれ

$$3 : 1, \quad 1 : 1, \quad 1 : 3$$

の比で入っている．あるつぼから玉を抜き出したところ赤玉であった．どのつぼからとられたか，各つぼの確率を求めなさい．白玉ならどうか．

A A_1, A_2, A_3 の事前確率は $(1/3, 1/3, 1/3)$ とする．各つぼからの赤玉のでる確率はそれぞれ 3/4, 1/2, 1/4 であるから，ベイズの定理で計算すると，A_1 の事後確率は，容易に

$$P(A_1 \mid 赤) = \frac{(1/3)(3/4)}{(1/3)(3/4) + (1/3)(1/2) + (1/3)(1/4)} = \frac{1}{2}$$

などと計算され，同様に A_1, A_2, A_3 の事後確率はそれぞれ $(1/2, 1/3, 1/6)$，白玉が出た場合は同様の計算から $(1/6, 1/3, 1/2)$ となる．これらの確率は，和 $=1$ となることに注意しよう．

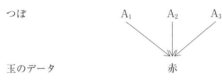

図 6.3　つぼのモデルのベイズ定理
定理の図式つぼ赤の玉はどこから来たのか．

データによるベイズ判別分析　この典型例が有名なフィッシャーの「アイリス・データ」iris data である．ただし，データ（後出）はフィッシャーが収集したのではなく分析して著名になった．カテゴリーは，アイリスの種[*]

　　　　1：バージニカ　2：ベルシカラー　3：セトーサ（カナダ産）

であり，データは形態を測定し

$$X = (花弁長，花弁幅，がく片長，がく片幅)$$

のようになっている．この X から種を推定するのが課題である．機械学習なら「教師あり」の判別である．原データは巻末から取得できる．

[*]正式種名はリンネの 2 項式学名では *Iris virginica, I. versicolor, Iris setosa*. ここでは Iris は属名で上位の科名も Iris である．*I. verisicolor, I. setosa* は毒性があり，*I. vriginica* は医用とされる．日本語ではアヤメ属，アヤメ科であり，*I. setosa* は日本では「ナスノヒオウギアヤメ」として知られる．

　図 6.4 を見よう．考え方は全く同じで，→は，先の 3/4, 1/2, 1/4 に相当して，X(色に対応)の 1, 2, 3 ごとの出方の確率分布であり，生物体の計量だから正規分布を仮定し 3 通りの「4 次元正規分布」とする．これは描けないが，それを指定する平均，分散，相関係数はデータ(3 種×50 採取＝サンプル数150)から定める．

　ベイズ統計学だから，事前分布を定める必要があり，特に理由がなければ

バージニカに 1/3，　ベルシカラーに 1/3，　セトーサに 1/3

とする．さて，ここに未判別のデータ(あるいはバリデーション・データ)

$$\boldsymbol{x}=(5.2,\ 3.2,\ 1.5,\ 0.2)$$

があるとき，これに対して‘どのカテゴリーから’か，事後確率が 3 通り

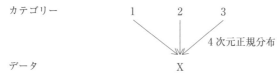

図 6.4　3 通りのアイリスからの X(4 次元正規分布)．図 6.3 と同じ型になっている．

図 6.5　アイリス・バージニカ
〔Eric Hunt, https://en.wikipedia.org/wiki/Iris_virginica CC-BY SA4.0
(https://creativecommons.org/licenses/by-sa/4.0/)より〕

$$\mathrm{P}(バージニカ \mid \boldsymbol{x}), \quad \mathrm{P}(ベルシカラー \mid \boldsymbol{x}), \quad \mathrm{P}(セトーサ \mid \boldsymbol{x})$$

算出される．その計算量は相当大変であるが，計算からその最も可能性の高いカテゴリーからと判定される（事後確率最大 Maximum Posterior Probability, MAP，表6.3）．もちろん，それ以外の2通りも完全否定できない．それは人間が見ても同様で，ベイズ判別は AI としてふさわしいのである．

表 6.3　事後確率による判別
各ケースごとのもっとも可能性の高いカテゴリー

	品種	がく片長 x_1	がく片幅 x_2	花弁長 x_3	花弁幅 x_4	事後確率		
						バージニカ	ベルシカラー	セトーサ
1	バージニカ	6.3	3.3	6.0	2.5	**0.915**	0.068	0.017
2	バージニカ	5.8	2.7	5.1	1.9	**0.536**	0.421	0.043
3	バージニカ	7.1	3.0	5.9	2.1	**0.682**	0.282	0.035
4	バージニカ	6.3	2.9	5.6	1.8	0.476	**0.487**	0.037
5	バージニカ	6.5	3.0	5.8	2.2	**0.756**	0.215	0.029

<以下略>

バージニカ，ベルシカラー，セトーサがそれぞれ最大事後確率（MAP）になる条件は x_1〜x_4 で次のようにあらわされる．これを「ベイズ判別関数」というが，確率計算なしでどのカテゴリーが最大確率かわかる方式となっている．

目で見るアイリスのベイズ判定
　ベイズ判別関数　　データから次の2，3通りの関数を計算する
　　① $F_{12} = -3.2456 x_1 - 3.3907 x_2 + 7.5530 x_3 + 14.635 x_4 - 31.5226$
　　② $F_{13} = -11.0759 x_1 - 19.916 x_2 + 29.1847 x_3 + 38.4608 x_4 - 18.0933$
　　③ $F_{23} = F_{13} - F_{12}$（必要なとき）
判別は次の基準による：
$$F_{12} > 0で，\ F_{13} > 0 \ \Rightarrow バージニカ$$
$$F_{12} < 0で，\ F_{23} > 0 \ \Rightarrow ベルシカラー$$
$$F_{13} < 0で，\ F_{23} < 0 \ \Rightarrow セトーサ$$
③の F_{23} なしに①②の±だけで判断できることが多く，（＋＋）（＋−）

（− +）から直ちに，バージニカ，セトーサ，ベルシカラーと決定される．
（− −）のときのみ F_{23} による．どの x がどのように判別に効いたかが示されている（図 6.6）．以上は事前確率が等確率の場合である*.

*ベイズ統計学では，等確率でない場合，あるいは判別の誤りの重大さが必ずしも等しくない場合も扱えるが，ここでは触れない（統計的決定理論）.

　　上に挙げた x =(5.2，3.2，1.5，0.2) に対してはセトーサと判定される．これは問題を数理的に「解いた」というよりは，もともと人間では見分けられない判別の問題を「解決」したのである（章末問題 6.4）．

　このようにベイズ統計学であっても機械学習であっても，見いだされた方式がそれの元になったデータ自体を正しく判定するかのチェックがある．これを「検証」（バリデーション）というが，アイリス・データでも，次のような結果であり，大むね合格である（それぞれのサンプルを掲げる）．判別のヒットレートもあげておこう（表 6.4）．バージニカとベルシカラーの間で誤判別が起こりやすいが，セトーサを誤ることはない．

　なお，機械学習のケースでは，バリデーションが'良過ぎる'ことが多いので，フィット部分とバリデーション部分に分けて行う「クロス・バリデーション」（交差検証）の工夫がなされている．「クロス」というのは，もう一方の，反対側のという意味である．

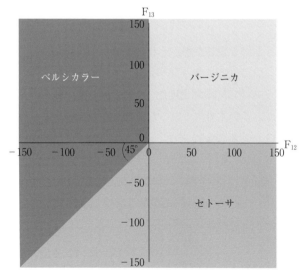

図 6.6　ベイズ判別領域

表 6.4 アイリス 150 ケースのベイズ判別成績：対角線上が大きく成
功している

		判別種		
		バージニカ	ベルシカラー	セトーサ
	バージニカ	41	9	0
確定種	ベルシカラー	6	44	0
	セトーサ	0	0	50

6.6 シグモイド型関数でベイズ更新を可視化

　ベイズの定理をロジスティック関数を用いて表すこともできる．機械学者
（ことにニューラル・ネットワーク）につながるものとして注目してよい．数式
によると面倒になるので，ここの数字で述べよう．

　チョコ・ベイズ問題で P(本命 | くれる) を計算すると，今一度ベイズの定理
を再確認して，事後確率は

$$\frac{1}{1+\left(\frac{0.3}{0.7}\right)\left(\frac{0.35}{0.65}\right)}$$

となる．わざわざという感じだが，それは後でわかる．

$$0.3/0.7(倍)＝事前確率比$$

$$0.35/0.65(倍)＝尤度比　（尤度＝原因別の確率）$$

となっているので，多少みやすくなった．これから先のことを考えて比は逆に
$0.7/0.3$，$0.65/0.35$ をとることにする．いちいち掛け算，割り算は面倒なので，
対数（自然対数 LN）におきかえる．

$$\log(0.7/0.3)＝0.8473,\qquad \log(0.65/0.35)＝0.26236$$

この 0.26236 が「ベイズの定理」の情報を受け持っている．

　次に，ロジスティック関数（シグモイド型の一種，図6.7）

$$\frac{1}{1+e^{-x}}\qquad （エクセルでは e は EXP）$$

を用意する．これを使うと，チョコをもらう事前確率は

$\Rightarrow$　チョコの前日：$1/(1+\mathrm{EXP}(-0.8473))=\textbf{0.7}$

これがスタートになる．次は情報が入り，それを基に

$\Rightarrow$　チョコ 1 個：$0.8473+\underline{0.26236}=1.1097,$

$1/(1+\mathrm{EXP}(-1.1097))=\textbf{0.752}$

これは，先の結果に一致する．次の予測もでき再び 0.26236 が入り

$\Rightarrow$　次のバレンタインに 2 個目：$1.1097+\underline{0.26236}=1.3720,$

$1/(1+\mathrm{EXP}(-1.3720))=\textbf{0.798}$

と予測される(章末問題)．このようにして，リアルタイム式に，事後確率が更新されてゆく．これを「ベイズ更新」という．

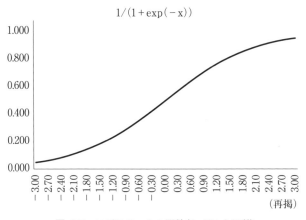

$$1/(1+\exp(-\mathrm{x}))$$

（再掲）

図 6.7　ロジスティクス関数(シグモイド型)

ベイズ統計学の AI 的側面
チョコ 1 個の感情的価値 $=0.26236$

実はニューラル・ネットワーク，深層学習はこのロジスティック関数が何十通りも入って情報を処理し，予測や判別を行っている．

6.7　エントロピー計算：AI をフォロー

　事後確率は事前確率より‘分かった感’を与える．そこが AI になっている．すなわち，不確実性(あいまいさ)は減少し，その分情報が得られている．これをエントロピー計算してみよう．例として，つぼのモデルにおける不確実性を計算してみよう．玉の色を見る前の事前確率は

$$w_1 = w_2 = w_3 = \frac{1}{3}$$

だから，これに対してエントロピーは

$$H_0 = -\frac{1}{3}\log\frac{1}{3} - \frac{1}{3}\log\frac{1}{3} - \frac{1}{3}\log\frac{1}{3} = \log 3 = 1.5850 \quad (\text{ビット})$$

玉の色が赤であるときのつぼに関する事後確率は，ベイズの定理から

$$w'_1 = \frac{1}{2}, \quad w'_2 = \frac{1}{3}, \quad w'_3 = \frac{1}{6}$$

となるから，これに対してはエントロピーは

$$H_R = -\frac{1}{2}\log\frac{1}{2} - \frac{1}{3}\log\frac{1}{3} - \frac{1}{6}\log\frac{1}{6} = 1.459 \quad (\text{ビット})$$

となる．ついでに玉の色が白であるときのエントロピーも，同じ値

$$H_w = 1.459 \quad (\text{ビット})$$

になる．結局

$$H_R < H_0, \quad H_w < H_0$$

すなわち，玉の色を知ったという知識が不確実性を減少させ，その分情報を得たのである．

6.8　個人確率の世界：身近のもの

　ベイズ統計学は客観確率はもとより，それが存在しないケースにおける個人の予想，見通し，信念などの個人確率も扱うことができる．「個人確率」は主観確率ともいわれるが，これによってベイズ統計学の適用範囲は拡がる．これ

に対し，蓄積されたデータにもとづく確率は「客観確率」である．「客観」というと印象はよいが，いいことばかりではない．‘同じ条件のもとで’測られるという条件がついていてめったに成り立たない．医療データなら，患者には個人差はもとより，年齢，性別，重篤度(病気の重さ)などの違いがあり，これが揃う患者数はほんの数名にしかならないかもしれない．経営データも一定の経済・経営の状態，景気など状況が細かく異なっている．その意味では，客観確率は科学者の頭の中だけにある理想的なケース，‘ぜいたく品’と言えるかもしれない．ぜいたく品の入手はできるとは限らず，むしろ身近なものを活用する．

　ほとんどすべての統計分析は個人が行うものである．客観データを用いることができるなら，それを利用すればよいが，それ以外は個々の知識，経験，確信や信念，見通し，漠然とした予想もあてにしなければならない．これらの個人的な情報資源と客観的データをうまく総合して一つに収めることが次の仕事となる．この ‘個人的’ personal という云い方を，「客観的」に対して「主観的」subjective ということがあり，主観的な確率を「主観確率」という．主観確率を用いると世界は拡がるが，拡がった世界を取り扱う「確率・統計」が入用である．それがベイズ統計学である．かつて激しい敵意の対象だったこの統計学も，今では多くの理解者を持っている．ただし，あえて用いない向きもある．

　専門家の意見　個人確率(主観確率)のとり入れ方には決まった方法がなく，その場に応じて考えてゆけばよい．ことに認知的意思決定はこの応用である．よくある例として専門家はさまざまな知識を蓄積している．その中には統計的データでない知識もあるが，それらをシンプルな確率で表現することはそれほど難しくない．ある地質専門家は建設予定地点の岩盤の深さをたずねられ，次の見解を述べた．岩盤の深さが4分類され，その確率は以下のようであった．

深さ ≦ 5m	0.60
5m< 深さ ≦ 10m	0.20
10m< 深さ ≦ 10m	0.15
深さ > 15m	0.05
すべての深さ	1.00

6.9 ベイズ統計学の限りなく広大なカバレッジ：AIへ

　ベイズ統計学の基本原理はたった一つ「ベイズの定理」だけであり，しかもその意味付けはそれだけで'原型人工知能'と言えるポテンシャルを持つ．また，人間の心理や認識とも相性がいい．表にするとわかるように非常に多くの対象のモデルになる柔軟性があり，アメーバのような浸潤力がある．

⊠ ⊠ ⊠ 表6.5

第6章　実践力養成問題

6.1　真陽性，偽陽性，偽陰性，真陰性のケース数がそれぞれ $a=70$, $b=20$, $c=40$, $d=200$ のとき，検査の感度と特異度を求めなさい．また2通りの的中度（正診率）を求めなさい．

6.2　迷惑メールに含まれている用語として「無料」，「当選」がある．新着メールを調べると，これらは迷惑メールと通常メールの中に，それぞれ表の右側の確率で含まれていることが分かった．ただし，一般的には通常メールと迷惑メールの比率は6対4とする．

用語	通常メール	迷惑メール
無料	0.3	0.4
当選	0.1	0.6

　ⅰ）「無料」という用語が見つかったとき，このメールを通常メールと迷惑メールのどちらに分類した方がよいか判定しなさい．

　ⅱ）さらに「当選」という用語が見つかったとき，同様に，このメールを通常メールと迷惑メールのどちらに分類した方がよいか判定しなさい．

　＊塩澤友樹氏による

6.3　バレンタインのチョコの例で，2 回目の機会にもチョコが贈られてきた．本命の事後分布はどこまで上がるか．

6.4　花弁長，花弁幅，がく片長，がく片幅の 4 変量の組が $x = (5.2, 3.2, 0.2, 1.2)$ であるアイリスの種を判別しなさい．

6.5　3 通りのつぼ A_1，A_2，A_3 があり，赤玉(R)，白玉(W)がそれぞれ 3：1，1：1，1：2 の比で入っている．
　　ⅰ）あるつぼから玉を抜き出したところ赤玉であった．どのつぼからとられたか，それぞれのつぼの確率を求めなさい．
　　ⅱ）白玉ならどうか．
　　ⅲ）ⅰ），ⅱ）のどちらの場合が，もとのつぼに関して，玉の色のもつ情報が多いか．

7章
データで意思決定

人間の合理性がもし万能*だったなら，人間の意思決定などは無意味になっただろう（H.サイモン）

*経済学理論をさす．ここで，administrative behavior は '人間の意思決定' と意訳．

　統計学を数式で機械的に計算する手続きの学問と思っている人は依然多いが，それでも少なくなっている．どのような方法でもふさわしい適用のしかたがある．適切でないデータで正しい結論がでるはずがない．これは入口の問題である．

　出口は計算結果をどう解釈しどう役立てるかである．これは '野となれ山となれ' ではなく，コンサルのつもりで，統計学からの知見を述べて，はじめて統計学の役割が全うされる．実際，そうなっていないケースは多く，計算結果のファイルだけが，本棚に積まれていく残念な結果になる．この入口⇒出口のプロセスが「意思決定」である．さまざまな課題を扱っていこう．

　ずいぶん昔は「意思決定」は「意志決定」と書いた．決定には「やろう」という意志は欠かせないが，それをささえる計画，計算，便益と費用の評価などふさわしい合理的な思考が必要である．いまや AI やビッグデータの積極的推進者も，内輪では，「AI が人間の替りをするという理解があるうちは，AI もビッグデータもこれ以上普及しないだろう」と，認識し始めているという．意思決定は人間が中心であり，コンピュータ，コンピュータ・プログラム，コンピュータ・システムは手段である．このことは「サイバネティックス」の創始者 N.ウィーナーが強調し，高名な経営学者 H.サイモン（1978 年ノーベル経済学賞受賞）もあらためて言っている．

　　—今後数世代にわたって，われわれが組織と呼ぶシステムが機械化された部分をもつとしても，そのもっとも数の多い，もっとも決定的な要素

は，人間でありつづけるであろう．問題を処理するこうしたシステムの有
効性は，コンピュータの働きやそのプログラムより，人間の行う思考，問
題解決，および意思決定の有効性により大きく依存しよう．それゆえ，今
後は，人間の情報管理——思考，問題解決および意思決定——の理解にお
いてわれわれがなしうる前進が，コンピュータ・デザインよりもいっそう
重要である—(H. サイモン『経営行動』)

われわれの将来はこれに尽きる．ここで，サイモンのいう「組織」*とは
‘人間は独りで生きていることはない’ということにあり，狭い意味での「企
業」には限られない．したがって，意思決定にはかならず不確実な外部環境が
あり，真空中の完全情報の理想的計画のようなものはない．まして人間は理論
が描くような完全に合理的な存在でもない(限定合理性)．

*サイモンは，組織で「役割」があってもこの事情は大きくは変わるものではない，と言
う．‘母親というものは自分の話すことをあらかじめ定めてはいない．彼女の役割行動は，
自分の置かれた状況に対して高度の適応性をもった，状況次第のものである．’

7.1　統計的品質管理：日本人最初の合理的思考

アダム・スミスは有名な『国富論』のなかで「靴屋が靴を作るのは履く人の
ためではなく彼自身のためである」と言う．市場競争という見えざるメカニズ
からある靴は売れある靴は売れないから，「靴屋のため」の自己利益がいっそ
う強く貫かれる経済学の合理的な真理となる．もっともその真理は強欲を勧め
ているわけではない．

別の考え方もある．全国あちこちで作られたすべての靴が比べられるなどと
理想的に考える靴屋はどこにもいない．現実の経営とは，自分の作る靴はその
売れる想定の範囲内で，履く人(消費者)のことを思い浮かべながら自己最高の
満足できる(満足化基準)商品に磨きあげられることである．ここは経済学と経
営学の違いで，統計学の役割はむしろ経営に向けられる．

第二次世界大戦が終わった直後日本にもたらされた「統計的品質管理」
(Statistical Quality Control, SQC)ほど日本の復興に役立った方法も他には数少
ないであろう．

2通りの決定のしかたが重要である．生産された全製品の消費者の利益を考えながら管理する立場，およびむしろ背後の生産工程を管理する立場である．最初の考え方を次の例で考えてみよう，大きさ 1,000 の仕切り（生産・出荷の一組）の中から，大きさ 100 の標本を抽出して抜き取り検査（サンプリング）を行い，その中で不良品が $c \leqq 4$ ならばその仕切りは合格にするものと約束する．この c は「合格判定個数」という．この仕切りが合格と判定される確率 P は本来の仕切りの不良率 p によって決まり，当然 p が大きければ P は下がるが，以下はその P を示す（表7.1）．その曲線が「作用特性曲線」（ＯＣ曲線）である（略）．

これから不良品が出荷されてしまうリスク（危険）の確率が計算される．これを「消費者危険」という．これとちょうど反対で，良品が出荷を停止されてしまう確率，つまり「生産者危険」も計算され，この二つのリスクをにらみながら，最適に科学的管理をする．

表 7.1　抜き取り検査

不良率 p	合格率 P
0.01	0.9987
0.02	0.9585
0.03	0.8276
0.04	0.6295
0.06	0.2629
0.10	0.0189

（林周二）

不良品の個数 $\leqq 4$ のとき合格とするケース

「科学」は物理，化学，生物などの対象を指す言葉であったが，今度は方法を指すこことなった．戦後この新しい考え方が日本人を力づけ復興の自信と希望を与えた効果は大きかった．ことにデミング博士の来日と統計学的手法の実践的指導は今でも日本人の記憶の中に残っている．

統計学の価値と功績　数理統計学もこの品質管理によっての発展が促され，コンピュータ統計学やデータサイエンスの時代が来るまでの半世紀の間，日本の社会や学問を支える知恵の源と縁の下の力持ちとなってきた．データサイエンスはその子である．「数理統計学」というと固い感じがするが，ただ数理的であるわけではなく，はっきりした実践の目的があり，深い所で社会や経済にもかかわっている．たとえば社会調査のサンプリング理論を真っ先に思い付く

だろう．またよく知られる仮説検定の「第1種の誤り」「第2種の誤り」もももとは「生産者危険」（良品が不合格となる）「消費者危険」（不良品が合格となる）からきている．そもそも，意外なことに，これさえも刑事司法の「やっていないのに有罪」「やっているに無罪」の2通りからきている（表7.2）．多くの場面で，「誤り」は反対方向を向く2局面があり，これの兼ね合い（トレードオフ trade-off という）が難しく，社会の公正の感覚が本格的に試される場面なのである．

表 7.2　評価基準の同じ考え方

刑事司法	統計的品質管理	統計的仮説検定
やっていないのに有罪	生産者危険	帰無仮説が正しいのに棄却（第1種）
やっているのに無罪	消費者危険	帰無仮説が誤りなのに採択（第2種）

7.2　リスク分散

「科学的意思決定」も経営の科学的管理のめざすところとなった．

たいていの学問に「○○理論」と呼ばれてしっかりと確立した立派な理論がある．サイモンはそれを高く評価し尊敬するが，むしろそうだからこそむやみに受け入れない．人間が「非合理的」だというのではなく，合理的ではあるが「限定合理性」のなかでほどほどにうまく行動しているのが実際だからである．もっとも，理論は無意味になるのではなく，ただそれぞれの時代がそれを要求したのだという．

これから述べる現代的な「ポートフォリオ理論」や「デリバティブの理論」も，ともに，それ以前まで完全とはいえないがそれなりの経験と推論でやってきた証券取引を，あらためて合理的に見直して意思決定のルールにしたものである．また，これにともなって，「リスク」（損失とその可能性ないしは確率）の理論も発展し，同時並行として，長い歴史をもつ価値の「効用」の理論も心理学や行動科学へ広く展開することとなった．統計学から言っても，現実のデ

ータが経営に活用される時代がやってきたのである.

　E-V 分析　「多くの卵を一つのバスケットに入れるな」Don't put eggs in one basket. という面白い諺は, 集中による危険を避け安全を図るため, 「危険(リスク)分散」とか「多角化」diversification をめざした行動原理である, 20 個なら右, 左に 10 個ずつ分散するのもよい. これは守りのを表しているが, 多様化し, 変化の激しい経済環境のなかでは安全(リスクのないこと, 無リスク risklessness)それ自体が前向きな合理的な目的に加わってきた.

　考え方のはじまりは証券投資——株式, 債券——における「期待利得率」(E)とリスク指標としての分散(V. 実際は標準偏差)による「ポートフォリオ分析」であろう. この二つの指標によるので, 「E-V 分析」ともよばれる. ポートフォリオ portfolio とは "折りかばん" を意味する語であるが, 転じて証券などの金融資産の組み合わせをいう. 最適組み合わせを選択して分散投資)を行い, 期待利回りを最大化, リスクを最小化しようというのである. 最大化は当然でまず第一義だが, ここではリスクにしぼって説明し, ポートフォリオの意思決定は先のシミュレーション計算としよう.

　マーコヴィッツは次の 9 銘柄の普通株を考えた. ( )内は以下で使う番号.

　 i)公益事業会社
　　(2)アメリカ電話電信(American Tel. & Tel.)
　 ii)鉄道会社
　　(5)アチソン・トペカ・サンタフェ(Atchison, Topeka & Santa Fe)
　 iii)鉄鋼会社
　　(3)U.S. スチール(United States Steel), (9)シャロン・スチール(Sharon Steel)
　 iv)製造会社
　　(1)アメリカン・タバコ(American Tobacco), (4)ゼネラル・モータース(General Motors), (6)コカ・コーラ(Coca Cola), (7)ボーデン(Borden), (8)ファイアストーン(Firestone)

　これらの会社の株式データ(1937-54 年)から, 投機利益および配当利益の割合として, 次の式で定義される利得率(rate of return)を算出する.

$$t \text{ 年 } 1 \text{ 年間の利得率} = \frac{t \text{ 年の終値} - (t-1) \text{ 年の終値} + t \text{ 年の配当金}}{(t-1) \text{ 年の終値}}$$

$$t = 1937, \cdots, 1954$$

したがって，利得率の 1937-54 年の算術平均として表 7.3 を得る．

表 7.3　EV 分析のまとめ：2 通りの傾向をつかむこと

株式	(1)	(2)	(3)	(4)	(5)	(6)	(7)	(8)	(9)
平均	0.066	0.062	0.146	0.173	0.198	0.055	0.128	0.190	0.116
SD（標準偏差）	0.231	0.121	0.292	0.309	0.358	0.203	0.170	0.383	0.282

⊠ ⊠ ⊠ 表 7.3，7.4，図 7.1 原データ

この表からみる限り，アチソン・トペカ・サンタフェ (5) が利得率が高い．しかし，この証券は相場の乱高下が激しく，投資には大きなリスクが伴う．

以下，意思決定理論の記号 ＞（〜よりよい）を用いる．

ハイ・リターン，ハイ・リスク　　　　　アラー

利得の面では

$$(5) > (8) > (4) > (3) > (7) > (9) > (1) > (2) > (6)$$

の順に選好されるが，リスクの面では

$$(2) > (7) > (6) > (1) > (9) > (3) > (4) > (5) > (8)$$

の順に選好される．よく見るとたがいに逆になっている．

実際 'あちら立てればこちらが立たず' は経済学では「トレード・オフ」trade off といわれる．そこの '折り合い' をどうつけるべきだろうか．

分散投資　しばしば，「ポートフォリオ」ということばを聞くが，ポートフォリオ選択問題は，(1)〜(9) を量的に適当に組み合わせて，双方の面でもっとも選好されるポートフォリオを探すことである．まずはリスクを優先して考える．まず，考え方のヒントとして相関係数 ρ が正で大きい組み合わせで，たとえば表 7.4 から

ゼネラル・モータース (4) とファイアストーン (8)，

アセチン・トペカ・サンタフェ (5) とファイアストーン (8)

は，18年間のうち実に16年間，利得率の上下が一致している．そのうち特に(5)と(8)は，時系列グラフもよく似ている．こういうことは数字よりグラフがよい．(1)と(2)，(2)と(7)もよく似ている．

これらは重要なことであって，二つの証券がその動きにおいて同方向の連動を示すことは決してみのがしていいことではない．なぜなら，それは当然リスクの増大の方向に動くからである．分散投資は逆にここにヒントがある．比較的利得率の高い2証券で，互いに相関係数 ρ が低い(できればマイナスの)ものを選べば，一方がたまたま下がっても他方はあまり下がらない．場合によっては上って，一方の損失を吸収するから互いにリスクを吸収しあい，なお利得率は比較的高位にとどまる(図7.1)．

表 7.4　EV 分析のまとめ：株価の相関係数

	AmTbco	ATT	USSteel	GM	At-Tpk-Sf	CocaCola	Borden	Firestone	SharonS.
AmTbco	1.000								
ATT	0.768	1.000							
USSteel	0.424	0.530	1.000						
GM	0.686	0.652	0.693	1.000					
At-Tpk-Sf	0.197	0.186	0.425	0.466	1.000				
CocaCola	0.687	0.407	0.224	0.462	0.177	1.000			
Borden	0.618	0.704	0.210	0.396	0.344	0.327	1.000		
Firestone	0.452	0.546	0.613	0.761	0.741	0.381	0.448	1.000	
SharonS.	0.556	0.611	0.510	0.421	0.447	0.379	0.364	0.490	1.000

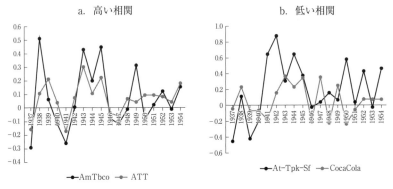

図 7.1　目で見る株価の典型：高い相関・低い相関

そこで，将来に向け投資する投資家が，A，B　2種類——簡単のために——の証券に，1ドル当たり

　　　　Aに x ドル(100xセント)，Bに y ドル(100yセント)

の配合比率で分散して投資すると考えよう．x, y は正の少数(端数)または0で $x+y=1$ である($y=1-x$ となる)．たとえば $x=0.46$, $y=0.54$ ならば46セントをAに，54セントをBに回す．A，Bがすでに決まっているときは，数の組み合わせ $(x, 1-x)$ がポートフォリオを表す．こうして

ポートフォリオ選択の基本的な評価式

$$e=xe_A+(1-x)e_b$$
$$\sigma^2=x^2\sigma_A^2+(1-x)^2\sigma_B^2+2x(1-x)\rho_{AB}\sigma_A\sigma_B$$

が得られる．x は投資家が選択を選ぶ値，また e_A, e_B, σ_A, σ_B, σ_{AB}(あるいは ρ_{AB})は過去のデータから証券会社が持っている．e の式も σ^2 の式も最初の2項はわかりやすいが，最後の σ_{AB} が注目である．σ_A σ_B が決まっているから，σ^2 は ρ_{AB} によってすべて決定される．なお ρ_{AB} も σ も理論上のものであるが，計算する上ではサンプルの r や S が用いられる．例を挙げて理解しよう．

ポートフォリオによるリスク分散投資

　　A，Bをアチソン・トペカ・サンタフェ，コカ・コーラとすれば

　　　$e_A=0.198$, $e_B=0.055$, $\sigma_A==0.357$, $\sigma_B=0.203$, $\rho_{AB}=0.18$

から，ポートフォリオの投資比率をA，Bに $x=0.2$, $1-x=0.8$ とすると

　　　　　　$e=0.084$, $\sigma^2=0.0356$, $\sigma=0.189$

となる．コカ・コーラ株は魅力を増し，しかもリスク0.189は両方の株よりも小さくなっている．

ポートフォリオ選択　どのような比率 x, $1-x$ で分散投資すればよいだろうか．そこはさまざまポートフォリオの σ と e になる．図7.2を見てみよう．この曲線上の点が $x=0\sim1$ に対応してそれをあらわしている．どの点(どの x)を選ぶかは当事者の自由に決めるところである．だが，「決められない」と悩むより利得 e からリスク分 σ をある割合 k だけ差し引いて一次式

$$f=e-k\sigma$$

を目的の関数にして，x に対して計算する．$k=0.55$ とすると $x=0.65$ が最適ポートフォリオとして決まる．経済学では (σ, e) の無差別曲線を f の替りに考えるが，ここでは触れない． ⊠ ⊠ ⊠ 表 7.5

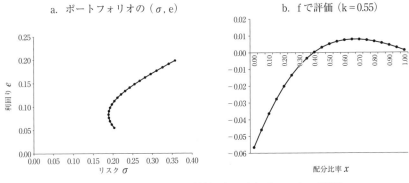

図 7.2　ポートフォリオの評価：$(e:\sigma)$ を $f=e-k\sigma$ で評価

7.3　お金の世界：デリバティブによるリスク・ヘッジ

将来のお金　リスクが予測できれば，それを防げばよい．その基本ルールがある．多くの経済的意思決定では時間の要素が大きく働く．100 万円を年利 1% で預金すれば 1 年後は 1.01 倍で 101 万円になる．これを逆にすれば，1 年後の 100 万円は現在の $100\div1.01=99,001$ になる（最後の 1 に注意）．つまり，100 万円は 1 年後のことで今は使えないのだからその分価値は減っていて，これを 1% で「割り引く」（ディスカウント）という．×1.01 を逆数にして ÷1.01 あるいは 1/1.01 倍にすることである．なお，0.99 倍とは厳密には異なるので注意（上述）．

　さて，ここで 1 年後という言い方になっているが，基礎を月利になおす，あるいは「週利」「日利」になおすとどうなるだろうか．

$$\left(1+\frac{0.01}{12}\right)^{12}=1.010045961\,(\text{月利}),\quad \left(1+\frac{0.01}{52}\right)^{52}=1.010049196\,(\text{週利}),$$

$$\left(1+\frac{0.01}{365}\right)^{365}=1.010050$$

こう細かくすると瞬間的に(時間連続的に)，数学の指数関数のEXP(0.01)で

$$e^{0.01} = 1.01005$$

となることがわかる．つまり利子率α(％では100α)を，元本も入れてe^{α}と書いてもよい．時間刻みのないこの表し方を「連続利子率」といい，こう表してもここまでと大きくは変わらず，期間を指定せず，表し方自体も指数関数ということから数学的にも便利であり，分析でもよく用いられる．

リスク中立確率　世界は不確実性に満ちている．将来の不確実性つまり確率も重要な要素になる．その日常的な例は「起業」で，不確実な起業よりキャッ・・・シュでもっていた方が安全に金利がついて有利ではないだろうか．多少ビジネスよりだが次のような経済の常識がある．

現在20ドルの株がある．成功すれば22ドル，失敗すれば18ドルになる．他方確実な無リスク金利(定期預金としておく)は12%である．期間は3ヵ月間を考えている．株価に上昇下降は避けられないが，その期待値が預金資産の将来価値にちょうど等しければ株式投資としてのリスクについて迷う原因はない．そのような株価上昇の確率(pとする)はいくらか．

世の中が成長も後退もなくずっと変わらなければ，その現状を平均的に確保すればいい．0.5，0.5の確率なら20となり現状に等しく，平均的損得はない．しかし，実際はそうならない．世の中が多少でも成長していれば，それに乗らなければ(ただしただ乗るだけでよい)出おくれて相対的に損になるリスクがある．期待値を求め，それを預金資産(連続利子率で)の将来価値に等しいとおく．利子率は年利で表示されるから，3ヵ月に調整し

$$22p + 18(1-p) = 20e^{0.12 \times 3/12}$$

を解くと，'世の中に見合う'上昇確率はp=0.6523となる．起業はほぼ3回に2回の率で成功しなくては見合わないのである．これが「リスク中立確率」である．投資意思決定のためにこの中立確率の考え方を仮定し採用してよい．

コール・オプションの価格はいくら　この分野の'人気番組'の一つとして，「デリバティブ」の一つコール・オプションの価格の決め方を紹介しよう．

> コール・オプションとは，デリバティブ*の一つで
>
> 　　将来のある定めた時点 T(満期)で，
>
> 　　　ある価格 K(権利行使価格)で株式を買う権利
>
> の特約をいう．権利だけで義務ではない．
>
> 注：実際には株式でなくてもよく，「原資産」といわれる．

*derive, derivative (元から)由来する，導かれる，の意．「元」を原資産という．有価物であれば原理的には何でもよく，エネルギー，食糧などの生産物は「リアル・オプション」と言われる．さらに広く，実物でなくても価値を表象していればよく，「日経平均」などがある．

　株式売買を元にして，特別の購入権の特約を付けたところがおトクのポイントである．したがってタダではないが，価格をどうすればよいか，将来が絡む所がやっかいである．それまではカンと相場をにらみながら決めていた価格を確率論の助けで合理的に決定できるようになった．後でくわしく解説する．

　決め方の式は「Black-Scholes-Merton の公式**」と言われ，秘訣は「ブラウン運動」(第5章)にある．株式価格は細かいギザギザの動きを重ねながらランダムに上昇していくが，下降場面もあるものの中長期的には上昇している．そのルールを理論的に再現するのがブラウン運動の数理モデルで，モデルが当てはまっている限りにおいて予測がなりたっていることはいうまでもない．長期的に見れば，株式相場は指数関数的(e^x)に上昇傾向なので(図7.3)，指数関数に添ってブラウン運動が絡みついているとイメージすればよい．かんじんのギザギザの乱高部分の確率的法則は正規分布であり，最終的な期待値の計算はすべて正規分布によっている．

**コトバだけ知っておこう．2つのパラメータがあり，時間あたりの上昇率(ドリフト係数)および局所的な乱高下の程度(ボラティリティー)で，株価の乱高下のばらつきは時間とともに大きくなるが時間に対する比例定数．現実の株価から測られる．

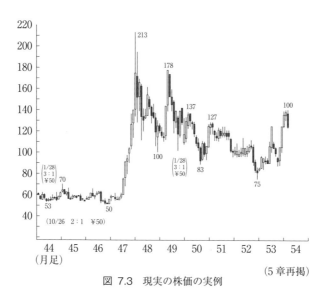

図 7.3　現実の株価の実例

（5章再掲）

将来予測から．まずは，ハルのテキストの現実の例を引用する．解くが，フォーミュラ（式）は示さず，フォローするだけとする．当てはめの数を変えれば公式となる.

コール・オプションの価格の決定：BMS 公式の活用

　現在の株価 = 42 ドル，オプションの期間 T = 6ヵ月，権利行使価格 K = 40 ドル，無リスク金利 r = 10％（年），ボラティリティー σ = 20％

　このコール・オプションの価格をいくらにすればよいか？

　あきらかに，満期時点 T（6ヶ月）の相場 S が K（40 ドル）を上回っていれば，権利を行使し K で買ってただちに S で売り精算差額 S−K を利益とできる．S<K であればもともと買う義務はないからパスする．そこは場合に応じて本人の選択（オプション）次第である．したがって，満期で S>K か S<K か契約の時点で確率的に予想の期待値がでればよいことになるが，0〜T の株式価格の動きは「ブラウン運動」で，将来時点 T における株式価格 S，利益 S−K の

期待値を算出できる．最後にそれを無リスク金利(定期預金，長期国債金利な
ど)で現在価値に割り引くと，最終的にこのオプション契約の価格がきまる．

　とはいえ，公式は確率知識なしでは非常に難解で，数学記号より現実数字を
エクセル関数の関数計算で示す．R や Python のコーディングは理解の追跡の
点で適切とはいえない．基本概念のパーツの組み合わせとして工夫した．

　　＜金利・割引関連＞　　　連続利子率で表し計算はエクセル関数 EXP による

　　株価上昇率(無リスク金利)＝$e^{0.1 \cdot 0.5}$＝$e^{0.05}$＝1.052171

　　割引率(同上逆数)＝$e^{-0.05}$＝0.9512

　　＜期待値計算の正規確率＞　　　エクセル関数 NORM.DIST による

　　売却(S)関係　行使価格 K 以上の株価期待値で正規分布の確率になる．

　　　　NORM.DIST$(-\log(40/42), \ -(0.1+0.2^2/2) \cdot 0.5, \ 0.2\sqrt{0.5}, \ \text{TRUE})$

　　＝0.7791

　　購入(K)関係　権利行使価格 K に達する確率である．

　　　　NORM.DIST$(-\log(40/42), \ -(0.1-0.2^2/2) \cdot 0.5, \ 0.2\sqrt{0.5}, \ \text{TRUE})$

　　＝0.7349

以上を組み合わせて，エクセル計算から

> 　**解**　コール・オプション価格は，きちんと
>
> 　　　　c＝42・0.7791−40・0.9512・0.7349＝4.76ドル
>
> と決定される．権利行使した場合は利益が出るがこの分が費用，しない場
>
> 合は全損になる．

　ここで，NORM.DIST(X, A, B, TRUE)は平均 A，標準偏差 B の正規分布の X 以下の
確率を返す EXCEL 関数で，かつては数表あるいは複雑な数学計算によっていたが，今日は
だれにでも親しみやすくなった．それぞれの数字がどう入っているか，目で追っておこう．
なお，標準正規分布表 NORMSDIST でも可能であるが，引数読み込みが煩雑になる．

　現代的まとめ　もともと，オプションは株式投資で損失が出るリスクをヘッ
ジする(抑え込む，制限する)ためのおトク商品であり，支出はリスク引受の評
価(プレミアム)であるが，完全にリスク・ヘッジできるわけではない．むし
ろ，「ヘッジファンド」自体が国際的にも巨額に達し為替変動のリスク原因に
さえなっていることを示しておこう．

7.4　効用とリスク・プレミアム

　お金とお金の価値を区別しなくてはならないことは人々の生活からすぐに想像できる．年収500万円のサラリーマンと役員手当5000万円のリッチな中小企業オーナーが単純に '10倍幸福' かといえばそうではない．

　たとえば，日本で金満家*の夕食と庶民の夕食が非常に大きく違うとか，われわれの昼食と世界的長者のビル・ゲイツの昼食と大きく異なるとは考えられない．着る背広も収入に比例して無限にぜいたくにするなど非現実的というよりむしろ不可能である．これらのことからも，人間的次元で考えるとお金の価値は金額に正比例して増えず，増えるにしても比例より緩い増え方しかしないと合理的に仮定できる．「比例より緩い増え方」は意外に難しく，増えることは確かだが増え方自体は減って緩やかになるということである（図7.4）．

　　*明治時代の成り上がり金満家の生活は有名な尾崎紅葉『金色夜叉』の主人公貫一，お宮の脇役富山に悪趣味に描かれているが，実体は収入に比例的な特別のぜいたくをしているようには見えず，着ているものが多少派手とか，手にダイヤモンドを付けているという程度である．むしろ，'あわれ' とも見える．

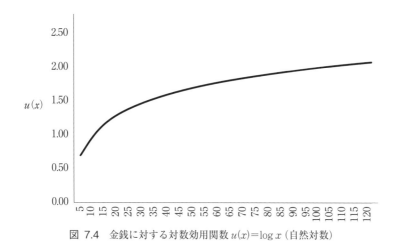

図 7.4　金銭に対する対数効用関数 $u(x) = \log x$（自然対数）

　比例ならば直線的だから，増え方は直線の傾きで一定，たとえば $y = 2x$ な

ら増え方は 2 である．これに対して，$\log x$ の場合 $x=1$, 2, 3, … での増え方はそれぞれ 1, 1/2, 1/3, …となり減ってゆく．先に行くほど伸びなくなるのである．いわば，持てば持つほど難味はだんだん減ってゆき，量的に何倍になっても同じ倍だけには届かない．対数効用関数は一つの仮定でしかないが，役に立つ面も多い．この分野で古くから知られるベルヌーイの「聖ペテルスブルグのパラドックス」がみごとに対数効用関数の仮定で解けてしまう．また，刺激に対する感覚(反応)がこの関数にしたがうことも利点の一つであろう(ウェーバー・フェヒナーの法則)．

*松原望『意思決定の基礎』朝倉書店

'人間に近い'経済学の試み

センセイ　わかりましたか．

デシ　確かにお金は 10 倍になったが，価値は 2 しか増えていない．

センセイ　まあ，5 割増とかの比較ならともかくも，いきなり 10 倍と比べるのはまさに「異次元」で，すぐにはピンとこないかも知れません．

デシ　すると，数学というよりは経済あるいは心理ではありませんか．

センセイ　数学で人間に近付いた．だから社会的な応用にもよい．

デシ　たしかに価値の増え方の曲線もだんだん緩やかになっています．

センセイ　いいですね．では数学でいうと？　もし思いだしたら……．

デシ　はい，微分係数(傾き)が減っていきます．

センセイ　ゴメイトウ．この価値の曲線を「効用曲線」といいます．

デシ　コウヨウ？

センセイ　まあ，どれだけ効いたか，効果があるかということです．

デシ　あまりピンときませんが，……．人間一般の傾向ですか．

センセイ　「傾向」としてはそうです．それを数学的にあらわすとこの対数関数 $\log x$ はそうなっている．まあ，ほかの関数でもこの傾向自体は表せますよ．たとえば $\sqrt{x}$ でもね．傾向が表せればいいのですから．

デシ　実体でなく想定したのです．だから，X 線撮っても映らない(笑)．

センセイ　「心」は心臓の X 線撮っても映りませんよ(笑)．ホントに映ったら困ることもあるし……．でも「心」はどこかに存在しますね．

デシ　つまり，「効用はあるはずだ」ということ……．

センセイ　そうです．ある公理を仮定するとその公理から効用が出てくる．数学者フォン・ノイマンがそれを示した．

デシ　示してください．

センセイ　数学者はいつもそうだけど，存在の証明だけです．それで，「あるはず」ですから仮定してよい．これ「期待効用仮説」（後述）といってます．

デシ　すると先の対数効用になるとは限らない．

センセイ　そうですね，話が進めるために，効用とは例えばこういう対数のようなもの，まあスケッチとしてです．スケッチでもだいたいわかるでしょう．

デシ　とにかく，この私も日々「効用」で動いている，か．え？そうかなぁ．

センセイ　理論ですからね．合わないことも出てくる．確率も「確率論」に合わない．だから，人間て面白い．これも先に進めて新しくしたのが「行動経済学」ですよ．

期待効用によるリスク分析　経済学や経営学では現実に考え方として有用であることも多い．次の例は

> 成功，失敗が 50-50 というリスクある (risky) 投資があって，成功すれば 200 万円利得し，失敗すれば 200 万円損失する．現在額は 300 万円である．この投資をすべきか否か．効用関数は $\log x$ を仮定する．

まず，投資による期待金額の単純計算では

$$(1/2) \times 500 + (1/2) \times 100 = 300 \,(\text{万円})$$

となり，投資をしない現状額に等しい．ゆえに期待金額では，結論はどちらでもなく中立的で投資すべきか否かについて何もわからず結論がでない．一方，効用の期待値（期待効用）でして，賭けに入ったとすると，

$$u(500\,\text{万円}) = 6.6990 \qquad u(100\,\text{万円}) = 6.000$$

であるから，期待効用は

$$(1/2)u(500\,\text{万円}) + (1/2)u(100\,\text{万円}) = 6.3495$$

となる．一方，賭けに入らなければ（タンス預金），効用は

$$u(300\,\text{万円}) = 6.4771$$

すなわち，賭け（投資）に入らず，リスクを回避するあるいは「リスク回避的」

<ruby>risk-averse<rt>リスクアヴァース</rt></ruby> であるという.

この 6.3495 の効用も意味がある. 相当するキャッシュ額は, 対数効用なら

$$\log(2,236,000) = 6.3495$$

から 223.6 万円である. いいかえると, この投資は 223.6 万円のリスクのない確実なキャッシュと同価値である. これを, 元の投資の「確実同値額」という. 比較はキャッシュ金額でしてもよく, たしかに

$$223.6 万 ＜ 300 万 （円）$$

となり, 76.4 万円の損となる. どうりで投資に入らなかったはずである. 逆にこのリスクの代償を与えられれば投資に入ってよいわけで, それが「リスク・プレミアム」である. 現代はリスク・プレミアムの受け渡しでリスクが売買される時代で, それが「保険ビジネス」である.

期待効用仮説への違反と行動経済学 「効用」の理論は人の合理的意思決定の理論である. もし効用が完全に知られていれば, 完全な AI もできるはずである. しかし, 効用は「ある」といっているだけで具体的には描き出されない. それどころか, 効用の概念そのものも成立しないことがある. もともと, 理論というものはが現実に 100％は合うものではない. 効用の期待値で考えてよい(行動を説明できる効用がある)という. 「期待効用仮説」は使い勝手のいい便利な想定だが, ある場合は「アレーのパラドックス」という大きなギモンを引き起こすことが知られている(数理的な心理学のテキストを参照). このパラドックスを解くことで, 「行動経済学」という新しい分野が切り開かれている.

第7章　実践力養成問題

7.1　本文で述べた抜き取り検査の方式で，仕切りの合格率Ｐは7割を確保したい．不良率 p はおおよそいかほどに抑えればよいか．

7.2　A 氏は米国で起業を考えている．資金は5万ドルである．成功すれば1万ドルの利益，失敗すれば8,000ドルの損失を予想，時間は3年を予定している．一方定期預金の利率（複利）は年3%である．起業が成立するために必要な成功確率はいかほどか．

7.3　2株式の株価の相関係数が理想的に−1のとき，ポートフォリオを完全に無リスクすなわち $\sigma = 0$ にできることを示し，そのための配分比率 x を求めなさい．

7.4　正規分布表（エクセルでは，標準正規分布の累積分布関数，NORMSDIST）のグラフを作成しなさい．また範囲は −3.0〜3.0 とすること（関数型＝TRUE とする）．
※シグモイド型となる．

7.5　株式を原資産とする次のコール・オプション：
現在の株価＝42ドル，オプションの期間 T＝6ヵ月，権利行使価格 K＝40ドル，
無リスク金利 r＝10%（年），ボラティリティー σ ＝20%
について
　　ⅰ）価格の決定の計算をしなさい．
　　ⅱ）同じ条件で，無リスク金利を5〜15%（間隔＝1%）で変化させて価格を計算しなさい．次に，この計算をさらに2通りの場合
　　　　a）期間＝3ヵ月
　　　　b）期間＝12ヵ月
　　　　について繰り返しなさい．
　　ⅲ）ⅱ）の3通りの結果を図示しなさい．

8章

コンピュータ・シミュレーション

画家の心は鏡のようなものであるべきだ(レオナルド・ダ・ヴィンチ)

「シュミレーション」という人がいるが正しくは「シミュレーション」である．データサイエンスは以前は'データ多用型統計学'とか'コンピュータ統計学'と言われたが，その中の代表的メソッドであった．

都市の中心市街区域で日中に大きな地震がおこるとき，その滞在者全員がその区域から避難退出するのにどれだけの時間がかかるかを，いろいろな条件で試行するコンピュータ実験がある．実地の実験は不可能だからコンピュータ実験しかありえない．これは本格的なシミュレーションである．このように「シミュレーション」simulation とは直訳では「模擬実験」のことで，実地や本物で実験することができないとき，コンピュータに現象を表す数式や数値を入れ，実際の現象によく似た相似形の(similar)結果を作り出し，実地や本物の分析に替えること．動詞は「シミュレート」simulate，その名詞形が「シミュレーション」である．要するに，シミュレーションは現実の——完全ではないが——「鏡」である．つまり，現象の「イメージ」(似姿)である．

統計学や確率論においては，式計算が不可能であったり指定すべき重要数値(パラメータ)の情報がなかったりする場合，乱数(Random Numbers)によって実験の場が作り出され，それに対しさまざまな計算を行う．乱数があたかも賭けのルーレットやカード，さいころに似ているところから，賭けの本場の名をとって「モンテカルロ・シミュレーション」Monte Carlo simulation と言われる．エクセルは数種類の確率分布の乱数機能(一様，正規，二項およびベルヌーイ，ポアソンなど)をもっており，さまざまな現象のシミュレーションができる．

8.1　ブラウン運動を目で見る：シミュレーション

1次元ブラウン運動　'株価はランダム・ウォークである'などといわれている．しかし，人の意志が入っている現象がほんとうにランダムであろうか．やはり，意志と無関係なコンピュータでシミュレーションするほかない．一般に「ブラウン運動」，正確にはブラウン運動(元は顕微鏡下の花粉の動きに由来する)を数学にしたモデルは，5章で見た「ランダム・ウォーク」で時間を1,2,3,…としていたのを，スーッと連続的に変えた確率過程をいう．デジタル・コンピュータには本当に連続は無理なので，きわめて時間的に細かい(したがって多数の密集した)ランダム・ウォークを，実際には時間刻みをきわめて小さくする(例えば1/1000の刻み)ことで，「ブラウン運動」とみなしている(図8.1).

ただし違う点がある．同じ±1刻みでシミュレーションできることに問題はない．ランダム・ウォークの方は $S_1, S_2, S_3, S_4, \cdots$ は確率の出方は多少工夫する必要があり，樹形図を使って説明する．しかし，ブラウン運動は1の幅に1000個の和 S_{1000} が入るから，中心極限定理が効いて正規分布にしたがう．むずかしい点はない．実際，例えば株価は「刻々動いている」から，ブラウン運

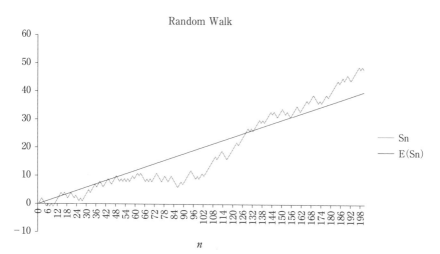

図 8.1　ドリフトのあるブラウン運動：ランダム・ウォークとして作成

動と想定される.

　時点 t ごとの分布は中心極限定理(第5章)から正規分布 N( )であるが，目に見えてあらわれていないのでピンとこないかも知れない．シミュレーションを何通り，何十通りも繰り返せばデータが貯まって分布が出てくる.

　二次元ブラウン運動とクラスター　対称ランダム・ウォークを2列作り，これを2次元の両座標にすると，「クラスター」のような2次元ブラウン運動が生成されるのを画面で見ることができる(図8.2)．これは数学的な「拡散モデル」につながって行ききわめて興味深いが，ブラウン運動は2次元になると急に数学的にハードになるのでここまでにしておこう.

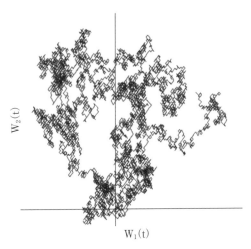

図 8.2　2次元ブラウン運動

8.2　3証券ポートフォリオ

　ビジネスでも多くの場合に，シナリオの元に計算を行い可視化できるのはシミュレーションの大きな利点である.

　2証券ポートフォリオは曲線で表されたが(第7章)，3証券ポートフォリオは点が平面に広がるはずである．シミュレーションは，3証券への投資比率

x, y, z を

$$x+y+z=1 (x, \ y, \ z \geqq 0)$$

のように多数通り（ここでは 1000 通り）つくり，e, σ を計算する．そのテクニックは [0, 1] 上の一様乱数 U,V,W を 1000 組生成し，各組に対し

$$x=U/(U+V+W), \quad y=V/(U+V+W), \quad z=W/(U+V+W)$$

が求める 1000 通りの x,y,z である．特徴的な領域が表れるを $(\sigma, \ e)$ の画面でみることができる（図 8.3）．この上側の縁（「効率的フロンティア」という）のどれかを採用するがこの先は述べない．

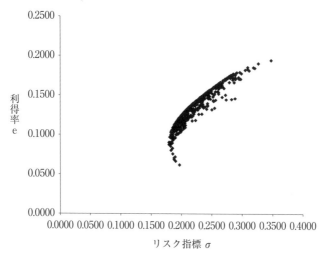

図 8.3　3 株式 (3. 5, 6) ポートフォリオの $(\sigma, \ e)$ のシミュレーション

8.3　再サンプリングによる「ブートストラッピング」

　図 8.4 に掲げた散布図は，アメリカの 15 の法学部の卒業生の入学試験 LSAT (x) および大学卒業までの学期試験 GPA (y) の点数の平均を示したものである．y は A,B,C, …（優，良，可）の換算点である．これから計算すると $r=0.776$ である．確からしさのため信頼区間を求めたいが，小サンプル過ぎて正規分布が使えない．実はアメリカには全部で 82 の法学部があるが，ここに

は 15 データしかない.

　そこで，この 15 個の点を‘母集団’とみなして，ここからはふたたびサンプルをコンピュータでランダムに（復元抽出法で）とるのはどうだろうか．（図8.4，表8.1）たとえば番号でいうと

$$\{1\quad 8,\ 7,\ 6,\ 8,\ 12,\ 14,\ 9,\ 10,\ 1,\ 15,\ 12,\ 9,\ 13,\ 5\}$$

がとられる．これを「再サンプリング」resampling という．これから相関係数 r がコンピュータで計算されるからこの値を r_1 とする．この再サンプリング手続きを $B=1000$ 回（何回でもよい）くり返し，r_1, r_2, $\cdots$, r_{1000} を記録する．コンピュータによるから，まったく手間はかからない．結果を 0.02 刻みでヒストグラムにしたのが図 8.5 である．

　これから $r=0.776$ の信頼性の幅 68%（正規分布 1σ 範囲 16〜84% 点の確率）に対応する r の範囲として 0.654〜0.978 とわかる．確かに，小サンプルなので幅は広い.

相関係数のブートストラップの原データ（B. エフロン）

図 8.4　2 変数散布図

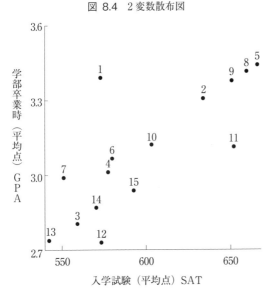

入学試験（平均点）SAT

表 8.1　B データ

LSAT*	GPA**
576	3.39
635	3.30
558	2.81
578	3.03
666	3.44
580	3.07
555	3.00
661	3.43
651	3.36
605	3.13
653	3.12
575	2.74
545	2.76
572	2.88
594	2.96

*LSAT = Legal Scholastic Aptitude Test（法学部進学適性試験）

**GPA = Grade Point Average（評価換算点平均）

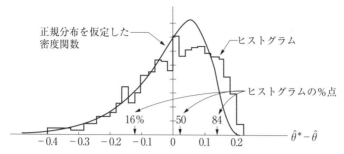

図 8.5　相関係数のブートストラップサンプル：$\hat{\theta}=0.776$(ここでは r を指す).

ブートストラップ法のメリット　ブートストラップ法は，サンプルが小さいとき，コンピュータ上でこのサンプルを何回もくり返し使う(使い切る)ことにより，任意の統計量の信頼性の情報を得るのに適している．同じサンプルを何回もくり返し用いるのは，ある種の「トリック」で，そのサンプルからの情報以上のものが得られるわけでないという批判も当初は一部にあった．しかし，回帰分析，多変量解析の信頼性，安定性の評価によく用いられ，当時のいい方で「コンピュータ統計学」<ruby>Computer intensive statistics<rt>コンピューターインテンシブスタティックス</rt></ruby> の幕あけを告げた方法である．

ここに述べた相関係数のブートストラップは創案者 B. エフロン(B.Efron)スタンフォード大学教授による事実上初出の研究*である．エフロンらの研究は初期においても相当の進度を示していた(背後には当時でも相当の計算パワーに支えられていたと思われる)．例えば，5 科目の相関係数のデータがあれば主成分分析も考えられ，図が第 1，第 2 主成分の負荷量の分布を示している．

*Persi Diaconis and Bradley Efron (1983)' Computer-Intensive Methods in Statistics', *Scientific American* Vol. 248, No. 5 (May 1983), pp. 116-131 邦訳　P. ダイアコニス・B. エフロン 「コンピュータが開く新しい統計学(松原望訳)」『サイエンス』13 号，1983, pp. 58-75

ブートストラップ法**はデータからデータを作り出すことにおいて，以前のクヌーユの「ジャックナイフ法」の延長にある．ともに確率分布を必要としないことからある種の「万能」感を与え(「ジャックナイフ」は日常万能に有用)，統計学に新機軸をもたらしたテューキーの「データ解析」の流れの中にあると言えよう．

**B. Efron (1979) "Bootstrap Methods: Another Look at the Jackknife", *The Annals of Statistics*, Vol. 7, No. 1 (Jan., 1979), pp.1-26. Published By: Institute of Mathematical Statistics

注：**B. エフロン教授**　スタンフォード大学博士課程で受けた講義のうちエフロン教授の分散分析の講義（おそらく 1969 年）は非常に明快で，統計学とはこういうものかと目を見張り，筆者の学問人生の記憶に残るものである．

8.4　相関のある 2 変数のシミュレーション：身長と体重

　男子あるいは女子学生（18 歳）の身長と体重の相関につき次のデータだけがある．今の時代，個人の身長，体重はプライバシーで，現実データを得るのはむずかしい．ただし，集計値（18 歳）は文科省学校保健統計調査にある．以下，平均，SD の順に挙げる．

身長：　男　170.0,　5.7　　女　157.4　6.0

体重：　男　61.1,　9.0　　女　50.1　9.2

しかし相関係数はデータが得られていないので，$\rho = 0.75$ と想定し男子データを 50 人分生成しよう．

　18 歳に対する身長－体重シミュレーション　　　相関係数（想定）＝0.75

　　① 　標準正規分布の乱数の組（U, V）を 50 組生成する（エクセル）

　　② 　$\sqrt{(1+\rho)/2} = 0.935$, $\sqrt{(1-0.935^2)} = 0.354$ を計算する

　　③ 　$X = 0.935U + 0.354V$, $Y = 0.935U - 0.354V$ とする．

　　④ 　$X' = 5.7X + 170.0$（身長），$Y' = 9.0Y + 61.1$（体重）とする

　　⑤ 　以上を 50 組生成する．

女子についても同様とする．ρ の想定は別でもかまわない．

　このデータ（以下一部のみ）に対し，回帰分析を行った結果

体重＝1.156×身長－134.6

仮定（だけ）からは，回帰分析の公式に従い

$\beta = 0.75(9.0/5.7) = 1.184$, $\alpha = 61.1 - 1.184 \cdot 170.0 = -140.21$

であるから，このシミュレーションはおおむね仮定通りである*．

☒ ☒ ☒ 表 8.2, 図 8.6

*生成されたデータ相関係数．回帰分析の理解の教育用であって，その目的を超えて使

うことはできない.

8.5　デジタルマーケティングの広告シミュレーション※

　ブートストラップ法は本来データに基づく統計的推測に用いられるが，ここでは市場シミュレーションに応用した試みを紹介しよう.「エージェントベースモデリング」Agent-based modeling, ABM と呼ばれる手法では，コンピュータ内に多数のエージェントを作り，それらを個人や組織を模するように行動させ，相互作用からどのような結果が生まれるかをシミュレーションする. ABM は広く交通渋滞，地震における避難，金融市場でのバブルなど集合現象の分析に応用されてきた.

　マーケティングにおいても消費者をエージェントとしたシミュレーションが可能である. その際，各消費者の好みや特性は，実際に調査して得られた経験的データを用いたほうがリアリティを増す. 調査から得られた消費者の情報をエージェントに対応づけるのに，ブートストラップ法を応用することで，統計的推測がそうであるように，データの持つサンプリングによる誤差を考慮できるのである. データの規模の制約から自由にモデルのエージェントの数を設定できる(図 8.6).

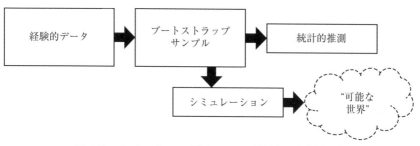

図 8.6　ブートストラップ法を ABM に適用する意味(水野)

１つの例として,「アフィリエイト広告」というデジタルマーケティングの

応用例を紹介しよう．ブログを例に説明すると，アフィリエイトになったブロガーはブログに記事を投稿すると同時に任意の広告を挿入する．ブログの読者は広告に接触し，関心を持てばクリックして購買する．このときブロガーは企業から報酬を得ることになる．企業にとってはなるべく多くの広告が挿入され，クリックされることが望ましいが，無数のブロガーと読者をコントロールするのは難しい．

　こうした不確実で複雑な現象を理解するのに ABM は適している．この研究では，ブロガーとその読者がエージェントとなる．ブロガーエージェントが記事と広告を選ぶルール，読者エージェントが記事に惹かれてブログを訪れ広告をクリックするルールを，それぞれウェブ調査に基づき設定する．調査の回答者からブートストラップサンプルを生成し，個々のエージェントの行動ルールを定める．回答者数とエージェント数は一致している必要はない．

　ABM のシミュレーションは確率的にふるまうので，その結果には幅ができる．エージェントの行動の基盤となるデータをブートストラップ法で構成すると，標本誤差に基づく幅（信頼区間）を含むことになり，ABM に基づく意思決定のリスクを考慮したものになる．ただし，それによってシミュレーションモデル自体の妥当性が保証されたわけではないことに注意する必要がある．

*明治大学商学部水野誠氏による特別の研究紹介であり，水野誠氏のご好意に感謝する．

9章

エクセルからテンソルフロー，サイキットラーンへ

すべて不可解なものは，それでも依然として存在する(パスカル*)

*フランスの数学者，物理学者，哲学者

9.1　シンギュラリティーの意味

　本章は前章に引き続く章として，現代社会の'スター'，機械学習 Machine Learning へつなげるのが順当であるが，それをくわしく論じる章ではない．内容は題名のようにずっと小振りであるが，的はついている．まず，現代社会で先端とされている重要要素の領域(パラダイム)は次の4つほどあり，これが絡み合って進行していることから，始めよう．単に「ハイテク」を追うその日暮らしになるのか，入れ込んで将来技術棄民になるのか，そうならないのかを分ける元は人の「教養」である．

① 人間と人工知能　　認知科学 ⇒ 脳科学 ⇒ 科学哲学 ⇒ <u>神学</u>

② 未来社会のイメージ　　情報理論，サイバネティックス ⇒
　　　　　　　　　　　　　シンギュラリティー

③ 機械学習　　統計学 ⇒ 多変量解析(重回帰分析，判別分析，クラスター
　　　　　　　分析) ⇒ パターン認識 ⇒ 深層学習(ANN)

④ コンピュータ科学　　Python ⇒ ScikitLearn, TensorFlow

①の流れの時間進行が②であるが，時間には進歩のかなたがある．カーツワイルによれば，「シンギュラリティー」とは

2045年ころ人間知能はもちろん「人間」身ぐるみ AI によって超えられる

ことをいう(原書に忠実なら '2040年代' 中頃)．その予想が正しいか否かその根拠が何かを論じる向きは多いが，そのような議論は全く無意味とは言えな

いにしても本論ではない．進歩の速い時代に20年後を論じること自体議論百出，百家争鳴になる．

> 「人間」を超えるとはどういうことか，そういう超越存在はあるのか，どのようにしてそれを正面から論じることができるのか

それは「一神教」（ユダヤ＝キリスト教）の神学の世界である．実際，ウィーナー，フォン・ノイマン，ビル・ゲイツ，カーツワイルなどの言行はそれにつながっている*．やさしくいうと，一言で言い切ることができるか．人間には不可解であっても，そのような世界は存在する．たかだか人知にとって‘不可解’にすぎない．論じることに意味があるとは思われない．ただ人間は極めて小さい無限小のそれでいてかけがえのない被造物の存在であることを理解しての上なら，それで有意義な人生を過ごせる．

*松原望『ベイズの誓い』聖学院大学出版会も挙げられる．

9.2　機械学習（Machine learning）の総まとめ

そこで，機械学習を一望のもとにだけ収めておこう．それを実施するプログラミング例はこの後とする．きわめて多くの知識情報が出版物，ネットなどメディアに散らばっており，学ぶ者にも整理なしには孤立を感じる状況である．さしあたり英文 Wikipedia 見出しを要点整理し，訳語も意識して以下のようにまとめる．♯は著者コメント．

> **機械学習**　♯「プログラミングなしに」がブラック・ボックスになっている．
>
> 経験を通しかつデータを利用し見かけ上プログラミングなしに改善するコンピュータ・アルゴリズムの研究（傍点引用者）
>
> 応用：医学，e-mail フィルター，会話認識（Speech recognition），コンピュータ・ビジョン（Computer Vision, CV）etc.
>
> **発展の歴史**　♯領域はひろがってきたが，「統計学」の範囲はさらに広い．
>
> 人工知能（Artificial Intelligence, AI）

　データマイニング（Data Mining）

　数学的最適化（Mathematical optimization）

　統計学（Statistics）

構成　♯発展の歴史がそのまま内臓されている．

　人工知能（AI）

　機械学習

　　統計的学習（計算機統計学 Computational statistics）

　　予測（Prediction）；回帰分析（Regression），判別分析（Classification）

　　データマイニング

　　数学的最適化

「学習」のパラダイム　♯大きい区別ではなく，統計学では元からある．

　教師あり学習（Supervised learning）

　教師なし学習（Unsupervised learning）

　強化学習（Reinforced learning）

　　IO データなし，環境中でパフォーマンス蓄積の最大化を行なう場は

　　最適制御理論，ゲーム理論，OR，情報理論，マルチエイジェント理論

　　記述型式：マルコフ決定過程（Markov Decision process）

　この「プログラミングすることなしに」の意味は，プログラムや計算ルールがブラックボックスから出てくる見かけ上である．当然，そのようにブラックボックス自体仕組まれなければならないが，それを全く知らないで結果が信頼できるか，といえば答えは簡単ではない．説明責任を伴う意思決定（契約案件など）では厳しくなる（図 9.1）．

　「説明可能な AI」　AI はどこへ向かうのだろうか．ブラックボックスの中は説明できないとなれば，実務家はアカウンタビリティー（accountability, 法的・社会的説明責任）を問われ，プログラミング実務どころではなくなる．ブラックボックスの中は，比較的初歩の数式操作，関数計算，統計基礎知識の総体であり，要素としては単純である．従来はここの結合が切れており，それがブラックボックスの様相を濃くしていた．最近は「説明可能な AI」explainable AI, XAI という技術がこの難問に挑んでいるが，統計学からは「お帰りなさ

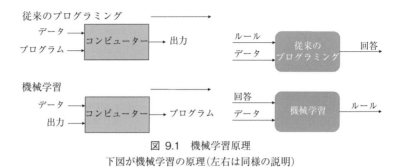

図 9.1　機械学習原理
下図が機械学習の原理(左右は同様の説明)

い」と歓迎できる動きである.

9.3　機械学習の活用

　最近は「機械学習」を学んだ人々の中にも, 'やはり統計学の知識なしでは活用できない' と元へ戻る動きが出てきているようである. それは当然で, コンピュータ・アルゴリズムである以上, 何をプログラミングしているか知らずにいることはありえない.

　基礎統計の知識が存分に役だつ, というよりは活用には必須である. 泳げないのに飛び込み台から飛び込むようなものである. 乗車券を持たずに新幹線に乗ることはできない. ことに Scikit-learn は多くの基礎統計が横滑りしているので, '知っているもの' としてプログラムコードが読めないことが多い. 一例をあげよう.

　重回帰分析の例　基本的な深い統計分析はエクセルの統計関数でしかできない. そのために, 仮定した回帰式 y=3x+4 に乱数を加えたデータにより一変量(単)回帰分析のシミュレーションを行おう. この回帰分析の係数の検定は, エクセル表計算ではできるが, Python では統計学の基本なしにはできない.

　ⅰ) エクセルはコーディングはないので, かえって問題は生じない.
回帰係数, 定数が推定され, 検定すれば $\beta_0=4$, $\beta_1=3$ はいずれも採択される.
t 値, 信頼区間などの重要情報も与えられる.

ⅱ）Scikit-learn でコーディングするには，**X** を **1** および **x** データの列ベクトルとして，まず回帰推定の基本式

$$\hat{\boldsymbol{\beta}} = (\mathbf{X'X})^{-1}\mathbf{X'y} \qquad \text{In [4] 参照}$$

を知った後，Python でコードする．これを知らないとプログラミングできない．　　　　　　　　　　　☒ ☒ ☒ 表9.1，プログラム・コード

　プログラミングの上で機械学習でしかできないことも多いが，それはただちに「脱エクセル」ではない．「データサイエンス」ではバランスが重要である．

9.4　Python（プログラム言語）

　高水準汎用プログラミング言語である．読み易くインデントにも意味が与えられるなど設計の哲学がしっかりしており，プログラムする人にとって明確で論理的なコーディングができる言語構成とオブジェクト指向となっている．numpy，scipy など標準的なライブラリーも内部に持っている点で，使える範囲は非常に広い．前身の Numeric Python, Scientific Python のそれぞれ合成名で，数理的前処理，科学技術計算のツールである．

　フリーウェアであることはメリットであるが，「品質保証」がなく外的には使えずに部内用になる．オープン・ソースだから部内ではカスタマイズして縦横に十分使えても，外部へ提供する場合は有料統計パッケージ SAS，SPSS などに乗り換えなくてはならないが，そのためには基礎的な統計知識がなければ無理である．いわば出国手続きにビザやパスポートは要るのと同じで，「急がば回れ」，結局は基礎統計分析の書店書架の前に戻ってくることになる．

9.5　ソフトウェア・ライブラリー

　Python 上で使える機械学習ライブラリーとして人気が高いのは，Tensor Flow および Scikit-learn である．ことに，前者は「ニューラル・ネットワーク」Neural Network, NN とその拡張版としての「深層学習」Deep learning,

それも画像認識が主流でもあるのでそこを要約し，そのあと実例へ進もう．なお，ニューラル・ネットワークの解説はそこここによくあるが，今一つ説明や基礎が十分でないので，最終節で述べることとする．

TensorFlow：	機械学習とりわけ深層学習用
	フリー（free）＆オープン・ソース（Open-source）
開発元	Google Brain Team
初版・最新版	寄託先（Repository）
	https://github.com/tensorflow/tensorflow
言語	Python, S++, CUDA
プラットフォーム*	Linux, Windows, macOS, Android, JavaScript
種別	機械学習ライブラリー
ライセンス	
公式サイト	www.tensorflow.org
統合	Numpy（Python）
拡張	Google Colab
応用例	医学，社会メディア，検索エンジン，教育，e-コマース，研究

　　*作動計算機環境

次いで，Scikit-learn および keras についてもおおむね同様なので省略する．

9.6　深層学習で数字 8 を判定：MNIST データベースの威力

　解くべき問題の発想は数字キャラクタの「パターン認識」として郵便番号と同じく，ボックス内を多数の小矩形に分割する点で共通だが，その後は NN にデータが教師として渡される．そのキャラクタ 0〜9 の MNIST データは教師データとしてよく知られているものである．MNIST データとは米国の新国家標準技術研究所が作成した手書き数字の著名なデータベースである．

　訓練された NN によって著者の '8' の手書きキャラクタを判定した．①プ

ログラム・インポート，②訓練，③テスト，④予測，⑤表示，
の順で進む．　　　　　　　　　　　　　⊠⊠⊠図9.2 コード

　原データのかすれなどにより，判別確率は 100％ではないが概ね良好である．

　なお，一般にプログラム・コードの掲載は理解を助けるためで，正常作動を保証するものではない．
Python や R は環境設定に非常に敏感であり，またきわめて微細な差異(たとえばインデント)によっ
て動かない．正常に通れば成功体験としてはプログラミングとして十分であるが，データサイエンス
としてはまだ結果解釈がある(車を安全に運転できることは，行先があって初めて実質的な意義をも
つ)．これが十分でなければ「プログラミング・マニュアル」と考えるべきである．もちろん，それは
それで効用はあるのだが，マニュアルとしても正常作動しない例は多く，読者には不親切であろう．

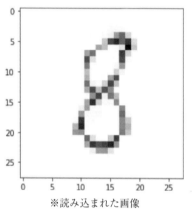

※読み込まれた画像

図 9.2　深層学習による筆者　手書きキャラクタの‘8’判別
Program＝TensorFlow，教師データ＝MNIST

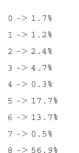

```
0 -> 1.7%
1 -> 1.2%
2 -> 2.4%
3 -> 4.7%
4 -> 0.3%
5 -> 17.7%
6 -> 13.7%
7 -> 0.5%
8 -> 56.9%
9 -> 1.0%
```

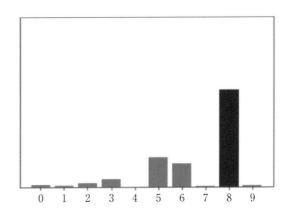

図 9.3 MNIST データ

[By Josef Steppan -, CC BY-SA 4.0,
https://commons.wikimedia.org/w/index.php?curid=64810040 より]

9.7　サポート・ベクター・マシーン：最大安全に境界線を引く

　異なった2集落の間に分ける直線の境界線を引きたい．それができるとして（線形分離可能 linearly separable），さまざまな無限通りの引き方がある．当然，両集落が余裕をもって判然と効率的に分かれるように引くのだが，その引き方はどうなるか．ただ「線」を引くだけならやさしいが，幅のある「道路」street を間になるべく太く割り込ませるならば，それだけ効率的になる．そうなれば，道路は両側の集落のそれぞれ1軒をかすって（触って）も差し支えない．というよりは，最大の太さ（幅）の道路はこの触る2軒で決まる．これを「サポート・ベクター」という（平面の方程式法線のベクトルで決まる）．それによって，集合を分離するモデルを「サポート・ベクター・マシーン」Support Vector Machine, SVM*という．ScikitLearn で，2種のアイリス・データ（4次元でなく2次元とする）を線形分離した例が図9.3である．2集落の間で1ケースが反対集落へ深く紛れ込む場合は線形分離ではないが，例外数＝1は認める条件で分離することも許せば可能範囲は広がる．　　⊠ ⊠ ⊠ 図9.3コード

*SVM の原理は統計学には収まらず，数理計画法（MP）になる．MP においては，集合を最適に分離する平面を，平面で支える様子から「支持平面」supporting plane という．

9.8　機械学習のわけをわかりやすく

　読み易さから効能書きを最初に述べたが，理屈の筋道を述べておこう．
　「機械学習」Machine Learning では，入力データは相当に大きく，計算は人でなくコンピュータにほぼ全面的に依ることになるので見かけ上「機械」とネーミングされる．また入力-出力とりわけ‘出力に合わせて計算される’ので「学習」Learning といっている．もちろん心理学でいう学習ではない．見かけ上，出力があらかじめ決められ，計算プログラムが結果となるので，‘ひとりでに’というセールス文句になるが，これは怠け者の勧めではない．
　考えてみると，解り易い原理的な例は（実際はそうはいわないが）よく知られ

たふつうの線形回帰分析である．たとえば 5 通りの入力変数 $(x_1, x_2, \cdots, x_5)$ から出力 y が決まるデータがあれば，だいたい

$$y = b_1 x_1 + \cdots + b_5 x_5 + b_0 \quad (\text{一次式})$$

となる $b_0,\ b_1,\ \cdots,\ b_5$ は，たしかにエクセルでワンクリックで‘ひとりでに’算出される．一次式（これを「線形」という）は数学的にかんたんでコンピュータの計算量も小さくわざわざ「機械学習」というにおよばない．

$$(x_1,\ \cdots,\ x_5)\ \rightarrow\ \boxed{}\ \rightarrow\ y$$
$$(b_0,\ b_1,\ \cdots,\ b_5)$$

　ここで，ターゲット y のある場合（‘教師あり’の学習という）だけではなく，コトバではいえないが，‘今の世の中の大きな流れ’とか‘何か役に立つアイデアとか’のような「何か」を出したいときもある．これは‘教師なし’の学習で，統計学では「主成分分析」になるが，これも機械学習とされている．

　このように機械学習の正確な定義はないが，ある一つの定まったメソッドではなく，根は統計学にありそれが大きく発展したものが多い．

＜教師あり＞　　　　　　　　　　＜教師なし＞

＜教師あり＞	＜教師なし＞
k-近傍法	クラスター分析（k 平均法）
線形回帰	主成分分析（次元縮小）
ロジスティック回帰（非線形回帰）	
サポート・ベクター・マシーン（線形判別分析）	
ニューラル・ネットワーク（多層型非線形回帰）	
可視化と次元縮小⇒主成分分析（次元縮小）	

これらは一つ一つ完結していて，特に関係はない．

ニューラル・ネットワーク　「ニューラル・ネットワーク」Neural Network は「神経回路網」であるが，それからヒントを得て考案された「人工の」Artificial のものである．1960 年ごろ提案された当時から地味な扱いであったが，コンピュータの大計算能力を生かした誤差逆伝播法（バック・プロパゲーショ

ン，back-propagation）の導入により，応用範囲が爆発的に拡大している．多くのくわしい解説書があるが，簡潔に本質の原理や数理を正確に述べた解説はひじょうに少ない．大まかにまとめて見ると（図9.4），

　　内容中身：統計的な多層型非線形回帰分析

　　パーツ：3つの基本アイデアから成り

　　　A　下から一入力層，隠れ層，一出力層の3種類の層

　　　B　ロジスティック関数による非線形回帰（シグモイド型）

　　　C　誤差のバック・プロパゲーション

　　　　－最急勾配降下法（グラディエント・ベクトル方法）

　　　　－最小二乗法をクロスエントロピー（第5章）に替えた最尤法

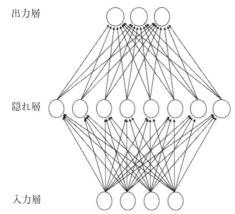

図 9.4　隠れ層が一個のニューラル・ネットワーク
よくある考え方の説明図であるが，形態を目的に直
結させているという神経科学者の批判もある．本図
は概念図で，個数は本文と合ってない．

数字キャラクタの判定　　原理の比較的わかりやすい課題で $\{1, 2, \cdots, 9\}$ の判定を考えよう．図をみながら読み進んでほしい．□は確認のチェックのためである．まず説明の前半である．

　①　　＜入力＞4×3のメッシュ区画のうえに〒と同様数字（たとえば0）を書く．白黒の程度は黒→白の16段階とし，数値の12次元のデジタルデータ $x=(x_1, x_2, \cdots, x_{12})$ が最下部に入力される．　　　　　　　　　　□

　②　　＜ウェイト＞この x の情報が式でまとめられて一段（一層）＇上へあ

がる.'.

$$y = w_1 x_1 + w_2 x_2 + \cdots + w_{12} x_{12}$$

この各 w が――の線で表されるが,いわば配線の太さをイメージすればよい.'上'はいくつもあり,見ての通り w は極端に込み入るが,「機械」であるから数百程度の計算に大きな困難はない.この w がかんじんの情報のまとめ方を表し,後に最適にいずれ決る.

　<ロジスティック関数> y が判断器ロジスティック関数(図9.5で表す)のヨコ軸に入りタテ軸から $0 \sim 1$ の値が出るが,これも x とするが,新しい x なので区別する番号が付く(略).○は何通りもあるから何通りも x が出るが,ここも次へ進む.　　　　　　　　□

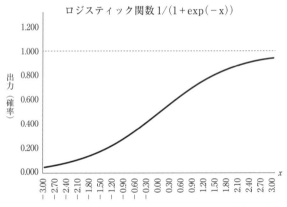

図 9.5　ロジスティック関数　入力に対し $0 \sim 1$ の出力を返す.

③　<もう一段>さらに一段上に入力され,②が繰り返される.　　　□

④　<隠れ層>エスカレーターのように次々と何階(段)も上る.2階以上を「隠れ層」という.　　　　　　　　　　　　　　　　　　　　□

⑤　<出力>隠れ層が終わり屋上へ出るとき,9通りの $0 \sim 1$ の数が出る.それらは

　　　　最左は0の確率($0 \sim 1$),その左は1の確率($0 \sim 1$),……

の意味と決めてある.もし入力＝'0'なら,誤差を最小にするために9通りの確率のうち最左の確率が最大となるべきである(etc.)　　　□

これが，ニューラル・ネットワークの目的である．前半の'上り'はここで終わる．

※実際の隠れ層にはさまざまな機能がおかれ，CNN や RNN をはじめとする「深層学習」Deep Learning となる．

誤差のバック・プロパゲーション　後半はどのようにこの目的を達するかであるが，'下る'向きで考えよう．登山のように下る方が苦労は大きい．つぎのように w の配線を調整するが，思いきって'たとえ話'にしよう．

屋上の管理人「あなたは 0 を入力してここまで上がってきたというが，0 でなく 2 の確率が一番大きいではないか．直してほしい」

私「おやそうですか．計算しながら上がってきたが，点検しなおしますか．なぜだろう，すぐ下の 4 階に降りて w の配線を調べてみよう」

管理人「そういったって，その 4 階は 3 階から計算したのではないか」

私「わかってますよ．まず 4 階でくいちがい(誤差)の原因をよくしらべ，それを最大限小さくする*ためにつぎは 3 階へ行けば 3 階に誤算の原因がうつる．そうやってついに 1 階へ行きついて全部終わるのです．」

*最も効果的な減らし方が最急勾配降下法である．

管理人「ではそうしてくれ．でも最大限小さくするとはどうするのか」

私「それはもちろん微分です．ロジスティック関数が各階にあるが，微分は多少手間がかかるが，できることに変わりはないです．終わり．」

※どの程度最小化されたかはクロス・エントロピーで測られる．

管理人「少し待て，まだある．それならもう一度やって確認すること．本当に誤差が少なくなってきちんと当たっているか．」

私「おや，そうでした．もちろん誤差は小さくはしたが，まだ足りないなら何度も屋上から繰り返せばよい．それならいい所まで行くでしょう．」

管理人「まあ，いいだろう」(終)

これで良かったかしら？ではまたね．
長いこと，ゴクロウサマ．

理解をさらに進めるための文献案内

●共通基礎文献

［A1］　松原望『わかりやすい統計学　第2版』丸善出版，2009.

［A2］　松原望・森本栄一『わかりやすい統計学　データサイエンス基礎』丸善出版，2021.

［B1］　東京大学教養学部統計学教室(編)『統計学入門』東京大学出版会，1991.

［B2］　東京大学教養学部統計学教室(編)『人文・社会科学の統計学』東京大学出版会，1994.

［B3］　東京大学教養学部統計学教室(編)『自然科学の統計学』東京大学出版会，1992.

［C］　　松原望『統計学』東京図書，2013.

［D1］　松原望『確率超入門』東京図書，2011.

［D2］　松原望『入門　確率過程』東京図書，2003(改訂中).

［E1］　松原望『ベイズ統計学』創元社，2017.

［E2］　松原望『入門　ベイズ統計』東京図書，2008(改訂中).

［E3］　松原望『ベイズの誓い』聖学院大学出版会，2018.

［E4］　松原望『ベイズ統計学概説』培風館，2010.

［F］　　松原望『意思決定の基礎』朝倉書店，2001.

［G］松原望・松本渉『Excelではじめる社会調査データ分析』丸善出版，2011.

小島寛之『完全独習　統計学入門』ダイヤモンド社，2006.

森棟公夫『統計学入門』新生社，1990.

倉田博史・星野崇宏『入門統計解析』新生社，2009.

小島寛之『完全独習　ベイズ統計学入門』ダイヤモンド社，2015.

竹内啓『歴史と統計学』日本経済新聞出版社，2018.

林周二『統計学講義』丸善，1963(第2版1973).

宮川公男『統計学の日本史』東京大学出版会，2017.

D. サルツブルク(竹内恵行，熊谷悦生訳)『統計学を築いた異才たち』日本経済新聞社，2006
　　(原書題：*The Lady Tasting Tea*, Henry Reinholt & Co., 2001).

宮台真司『権力の予期理論』勁草書房，1989.

［林］は戦後の日本における数理統計学の出発を飾る記念碑的な統計学テキストである．水準は維持されながらわかりやすく実践的で，今もって一行の変更も必要でないであろう．風格がある上製本だが筆者が学んだ折はいわゆる謄写版刷で，簡易製本3分冊(生協書籍部)であった．著者の実践的才気や人柄も現れており懐かしいが，できれば復刊が望まれる．

第1章　（統計学）

　本章は統計学の応用に欠かせない読解力を養う必読章で，内容は深くかつ横にも広がり，むしろ式は少なくしてある．ベーシックな統計学の方法知識なら，［A1］は読み易い．統計学史にはそのまま「統計学」になる部分が多い．「政治算術」さらには相関と回帰が焦点になる．［B1］，さらには［竹内］がくわしい．とりわけ，相関・回帰は統計学手習いとしても好適で，［A1］，［A2］，［B1］から始めるとよい．また，自ら収集した調査データの分析は理想のそれこそ理想のデータサイエンスで，基礎として［G］をお勧めする．

　統計学は人類の問題解決の苦闘の長い歴史から得られた偉大な資産であり（［竹内］），日本においては近代の目覚めの学問場面であった（［宮川］）．この苗床なしには柱は育たない．数字の計算術だけでは，データサイエンスは死んだ統計学である．そのためには理論の歴史を学ぶとよい（［サルツブルク〔竹内（恵）ら訳〕ほか］）．

　現実の課題から学ぶのもよく，人口の少子高齢化（下記）は日本の将来の最大の焦点で，社会勉強には必須，親しみ深いから統計読みのセンスを磨くに適．医学統計は大きな分野でここでは扱えないが，日常を強調した健康食品の［内藤］は圧巻で実際役に立つ．選挙区の「一票訴訟」も次第に大きな変革力を持ってきており，メディアの報道は眼を離せない．身近な行政でも統計は実地に学べる．「女性」を意識して［横山］（待機児童），［岸本］（行政）を引用した．

・国立社会保障・人口問題研究所（編）『人口の動向』厚生統計協会.
・内藤裕史『健康食品・中毒百科』丸善株式会社，2007.
・横山文野『戦後日本の女性政策』勁草書房，2002.
・岸本聡子『私がつかんだコモンと民主主義』晶文社，2022.

第1章　（情報学）

　統計学として本邦初演の初めての章である．共通テストにも「情報」が入るが，統計学は本来データからの情報を扱うから「情報」を含む．ことに尤度は情報そのものである（［B1］，［C］）．サイバネティックスとエントロピー（情報量），そして統計学の「尤度」はたがいにかかわりあいながら　今後，（［A1］）社会をささえるモデルになる．統計学の歴史と並行して来た遺伝の学びも，バイオインフォマティックスの始まりとして「情報学」と考えた．

　サイバネティックスについてはやはり原典［ウィーナー］が本来の理念を伝える．エントロピーについては入門解説は少なくシャノンの原典も初心者にはハードであるが，［F］には最小限だが好適な入門がある．最尤法はどの分野でも統計学の王道だが，基本テキストにも解説があるので参照のこと．［小島］［森棟］［倉田・星野］，［B1］，［B3］など．遺伝学から「情報学」を提唱した［鎌谷］は本格的だが，この方面の数理をめざすなら必須．理科年表も遺伝子情報は拡充してきている．

・ウィーナー『人間機械論』みすず書房，2014(改訂第 2 版).

　(邦訳題名は適訳ではなく本文参照)

・鎌谷直之『遺伝統計学入門』岩波書店，2007.

・『理科年表』丸善出版

第 2 章　DO'S と DON'T'S

　統計学も全く知らなければミスもおかせない．基礎([A1]，[A2])に慣れてくるとむしろ適用の誤りを犯しやすいが，ある程度は統計学にも対応策はできている．交互作用と交絡([B3])，多重線形([B2])などは応用(医学・生物統計学および計量経済学)では分析の失敗につながるので，抑えておこう．多重線形は，根は重回帰にあるから数値例で実感するのもいい([C])．AI や DX の時代になると統計学以前の社会や倫理の問題にかかわることも多いが，そこまで統計学がいちいちかかわることは無理でまとめきれない．当人の責任になる．統計学自体に対する未熟な誤解や意図的曲解も少なくなく，著者が [石] で扱ったチッソ問題などは典型である．

・石弘之『環境学の技法』東京大学出版会(松原担当章)，2002.

第 3 章　(多変量解析)

　統計学の基礎から発展の章である．したがって，基礎を知らないと，データをワンタッチで自動販売機に入れるのと同じことになる．多変量解析はかって重回帰(入れないことも多い)，主成分分析，因子分析，正準相関，数量化理論，クラスター分析などの大所帯で一時は流行になっていた．現在はすでに常識となって機械学習やベイズ統計学にばらばらに取り込まれているが，とりわけ主成分分析は [A1] や機械学習の次元縮小法として健在である．基礎としては，共分散，相関係数の知識がスタートとなる([B1])．[C] にも解説がある．心理，教育分野では必須であるが([B2]，[足立])，固有値問題になる数理的解説があまり見当たらないのでネットへ飛んでほしい．クラスターも粗削りだが，視覚化として現場では根強いニーズがある．以上二つを紹介したが，やはり多変量解析はデータが命であり，東京都の土地利用を扱った．また，最近では，コンピュータ・ソフトの解説としてレベルの高いテキストもいいが，研究者むきである．[前川] など．R, Python の使用例のテキストも多いが，まずは理論の基礎がないと成功例の展示会であとが続かない．

・足立浩平『多変量データ解析法』ナカニシヤ出版，2006.

・前川真一(竹内啓監修)『SAS による多変量データの解析』東京大学出版会，1997.

・長畑秀和『多変量解析へのステップ』共立出版，2001.

・長畑秀和『R で学ぶ多変量解析』朝倉書店，2017.

第3章　（時系列分析）

これも統計学の基礎から発展の(別の)章である．基礎として確率は必須である([D2]の基礎章)．時系列そのものの日本語解説書はあまり多くなく，あっても数学的には高度で，入門者には不向きであろう．周波数領域と時間領域に分かれるが，経済計としては圧倒的に時間領域，とりわけボックス・ジェンキンスモデルが多い．まずは[B2]が基礎であり，専門テキストも和書，洋書(和訳)が数多くある(略)．分析パターンをみることがバランスの上で重要である．[山本]は詳しすぎず手頃，[ヴァンデール]は計量経済の実例が豊かである．R,Python 上の使用例も多いが，これもまず基礎から始めよう．周波数領域についてはフーリエ解析から始まる理工学書になり高度である．[北川]冒頭章などがあるが，もう少し広くてもいい感じがする．

・ヴァンデール(簑谷千凰彦・廣松毅訳)『時系列入門』多賀出版，1988.
・山本拓『経済の時系列分析』創文社，1988.
・北川源四郎『時系列解析入門』岩波書店，2005.

第4章　推論

本章は統計的推論として検定・推定を扱ってもよかった．「統計学とは検定・推定の手続き」という(誤りではないが)根強い固定観念が広くあるが，今日の統計学では一部に過ぎない．それは早々に済ませればよい([A2], [B1], [小島], [森棟], [倉田・星野]など)．ここでは，高いレベルで，論理，一般化，原因・結果関係，有意性，サンプル・サイズ，バイアス，事実・当為関連(導出関係)など，広い意味での「推論」の正しさを扱った．[野矢]など参考．コロナ騒ぎの中で，言葉使いの筋道が乱脈なのが SNS の中で目立った．ここに社会の衰弱を見た人も多いだろう．

メディア(マスコミ，SNS)の報道の仕方も「型」があり，無視できないバイアスを生み出している．[岡本]第6章は驚きである．

・野矢茂樹『論理学』東京大学出版会，1994.
・岡本浩一『リスク心理学』サイエンス社，1992.

第5章　確率

「確率」はデータサイエンスの隠れた基であり，見方として素養である．高等学校で扱われている内容より，かなり広い有用で面白く，宝くじ，カードゲームなど，確率の実際というテーマを中心とした．むろん，確率の計算を無視したわけではなく，多少発展の工夫(四面体さい，中心極限定理)も取り込んで，信頼できる確率章になっている．[D1], [D2]のダイジェストと考えてよいが，確率過程としてランダム・ウォーク，ブラウン運動を紹介し，確率論の本質は確率過程であることを示した．文系には，ファイナンス数理(第7章)は

本章がいいウォーミング・アップとなる．エントロピーはすでに扱ったが，確率に基づいた符号化というデジタル技術の基礎にも触れてみた．本来高校の「情報」科目に絶好と思われるが，ノータッチなのははたして疑問である．

なお，筆者の関心事項だが，福島原発事故(政府事故調)の刑事責任については，検察・被告ともに「確率」の扱いがなく本質がかみ合う部分もなかった(筆者は確率論的安全性にかかわった経験がある)．直近に高裁判決が出たが，今次は扱う機会がなかった．[古川他]は志の高い問題提起の力作である．

- 東京電力福島原子力発電所における事故調査・検証委員会『政府事故調査報告書』2012.
- 古川元晴，船山泰範『福島原発，裁かれないでいいのか』朝日新書，2015.

第6章　ベイズ統計学

統計学なしに「データサイエンス」はありえないが，「統計学」はベイズ統計学なしではかた苦しく，骨のない数値計算になりかねない．ベイズ統計学は統計学に自由さと活気と論理(原因・結果関係)を与えた．実は，その本質は確率からでそれが「ベイズの定理」である．ここでは定理をくわしく紹介しベイズ統計学の基礎とした．最も「ベイズ統計学らしい」のは判別分析であり，定番「アイリス」データを集中的に取り上げ，考え方の特色を示した．著者の専門領域で，[F]が初出で当時としては網羅的であった．分野としては[E1]，[E2]，[E3]，[E4]を挙げておこう．特に入門的でコンパクトなのは[E1]で気軽に読め，入門テキストによく，統計的決定理論を含む点では進んでいる．[E2]は程よく手ごろ，[E3]は哲学的なものも含む．[E4]は本格的数理統計的である．[小島]のものも書き方はうまく，アイデア豊富である．

ベイズ統計学によるデータの扱いでは[E2](および[E4])のように基礎の確率分布論を含むから抑えておこう([B1])．最近の統計学は分布論が後退しているという問題がある．データの扱いが手際よいと思われるのは下記[渡部]で教育学への適用である．ここでは触れなかったMCMCシミュレーション(ギブスサンプラー)の紹介は[繁桝]が最初で，[E2](予定)および[E4]がよく，最近は類書も多い(略)．医療診断のTP. FP. TN. FNの4分表もベイズの定理の恰好な説明例だが，[五十嵐ら]の注意点もある．

ことに検査の感度，特異度が重要だが，一般にはよく知られていない．[矢野ら]はやや専門家向きだが，関心あれば一般人にも興味深い．統計学向きの疫学の文献は日本では少ないのが気になる．洋書を挙げた．

- 渡部洋『ベイズ統計学入門』福村出版，1999.
- 繁桝算男『ベイズ統計入門』東京大学出版会，1985.
- 井伊雅子・五十嵐中・中村良太『新医療経済学』日本評論社，2019.

・矢野栄二，小野康毅，山岡和江『EBM 健康診断』医学書院，1999.

・Kleinbaum, D. G. et al. *Epidemiologic Research,* van Nostrand Reinhold, 1982.

第7章　意思決定

　計算結果で「あとは野となれ山となれ」が多い．これでは何のためかわからず，資源，お金，時間，労力のムダ遣いである．以前から統計学は「計算屋」と思われてきたが，実は計算屋はコンピュータだけである．計算結果の後をどうするかは大切であり，千差万別でいちいち書けない．それでも［F］はそれをいくつか試行している．ここでは，はっきりとした意思決定ターゲットのある統計，確率の分析として，ほんの一例だが，わかりやすいポートフォリオ分析，およびデリバティブ評価を取り上げたので，そのスピリットをつかんでほしい．そのうち自然に「評価基準」のようなものがあればよいと感じられるであろう．それが「効用」でこれも［F］で扱っている．経営，経済，心理では主役だが，サービスとしてほんの少し登場させた．行動経済学への入り口である（行動経済学は本書としてはカバーしきれないが［竹村］が好著）．

・竹村和久『行動意思決定論』日本評論社，2009.

第8章　シミュレーション

　データサイエンスの脇役であるが，これを主役と考える向きもある．ここでは統計学の脇役で，ときには頼りになる力わざである「ブートストラップ」を紹介する．統計学を頼りがいのあるものとした革命的方法で，これによって統計学はよみがえったということもできよう．エフロンの論文を紹介するが，ネットでその広がりを知ってほしい．もちろん，大量の計算をこなすとか，確率分布を創り出して（2 次元正規分布など）活用するなどの地道なシミュレーションもあるので，それも実地で紹介する．

　「ブートストラップ法」は筆者がスタンフォード大学博士課程を終えて数年後の 1977 年ころ，同大学の B. エフロンがジャックナイフ法をヒントに創意提案した画期的方法で，その後の統計学を一変し革命的という意味でテューキー（J.Tukey）と並び称される．日本への上陸は下記に見るように 1980 年代になるが，コンピュータパワーの適切な活用という意味で機械学習よりも統計学的には正統である．

　意思決定は意思決定モデルとして扱われることが多いが，実務としてはむしろ IT 分野に広がっている．[徐]はデータ・マイニングとしては扱いは深い．

・P. ダイアコニス／ B. エフロン（松原望訳）「コンピューターがひらく新しい統計学」日経サイエンス，1983.7（原論文：Persi Diaconis and Bradley Efron, Computer-Intensive Methods in Statistics, *Scientific American,* Vol. 248, No. 5（May 1983), pp. 116-131)

・水野誠「消費者が広告を生成する時代—エージェントベースモデリングによる接近—」

人工知能，32 巻 4 号 (2017.7) pp.473-480.

・徐良為「データマイニングと意思決定」オペレーションズ・リサーチ，57 巻 5 号 (2012.5) pp. 276-280.

第 9 章　(機械学習)

「機械学習」は統計学の高度応用の公開アルゴリズムで (UK Wikipedia)，「高度」がコンピュータ能力の部分であるため統計学はみえないが，試してみると，統計学へ舞い戻らないと先へ進めない．アルゴリズムで「何を」計算しているか理解しなければ，実用にはならないのである．全体像をサーベイし，「深層学習」のほんの一例として「8」の判別をすることで，実体の理解を促進することにとどめる．その先は，［ジェロン］が概説書だが，相当に広い範囲を着実にカバーしている．ふつうの順当な学問上の進歩で特に驚くことではない．機械学習の導入書としてはレベルとわかりやすさ，基本として［セオバルト］が勧められる1 冊 (ただし回帰分析の図の誤りは惜しい)．

　第 1 章 (情報学) でウィーナーを紹介し［E3］でも述べたが，西洋では人間-機械-AI のつながりは一神教 (ユダヤ-キリスト教的世界観) では自然で，AI はそこで生まれたとの［西垣］の説明は無理がない．暗黙に人間を超える意志的な存在がある．しかし，日本ではそれがあえて論議になる．AI が日本文化に対する「黒船」対攘夷になるのか．DX は混乱はうわべで，実は深い所ではゆっくりとした崩壊 (第二の維新？) かも知れない．

　AI の普及も，事実はデータベースを基礎とした IT に他ならない面が否定できず，デジタルで意味を超えられないという限界にぶつかっている．'意味を説明できる AI' (explainable AI) ［大坪ほか］が注目されている．

- A. ジェロン (下田倫大監訳，長尾高弘訳)『scikit-learn, Keras, TensorFlow による実践機械学習』オライリージャパン，2018. / Aurélien Géron *Hands-On Machine Learning with Scikit-Learn, Keras, and TensorFlow*，O'Reilly Media, Inc.
- O. セオバルト (河合美香他訳)『予備知識ゼロからの機械学習』東京図書，2022.
- 松原望 (編集幹事)『データの科学の新領域』(3 巻：奥村晴彦・松原望「機械学習の時代」) 勁草書房，2023 年刊行予定.
- 西垣通『AI 原論』講談社，2018.
- 西垣通『ビッグデータと人工知能』中公新書，2016.
- 大坪直樹，中江俊博他『XAI (説明可能な AI)』リックテレコム，2021.

> # 情報サイト・リンク
>
> ベイズ総合研究所の情報サイト(2022/12/10 現在)
>
> https://www.bayesco.org
>
> ・増補，拡充，改訂
>
> ・リンク変更，リンク切れ対応
>
> ＊ en は英語

生命表

厚生労働省

https://www.mhlw.go.jp/toukei/saikin/hw/life/22th/index.html

・第 22 回生命表(男，女)［平均余命は最終列］

日本の将来人口(中位推計)

国立社会保障・人口問題研究所

日本の将来推計人口(平成 29 年推計)｜国立社会保障・人口問題研究所(ipss.go.jp)

https://www.ipss.go.jp/pp-zenkoku/j/zenkoku2017/db_zenkoku2017/db_s_suikeikekka_1.html

・死亡中位，出生中位を仮定

人口集中地区(DID)

総務省統計局

https://www.stat.go.jp/data/chiri/map/c_koku/kyokaizu/index.html

・概要

・人口集中地区全国図，都道府県図(平成 27, 令和 2 年)

・上位統計(e-Stat)へのリンクあり

岡山県 101 の指標の URL

岡山県総合政策局統計分析課

https://www.pref.okayama.jp/page/771204.html

最高裁判所裁判官国民審査

総務省

https://www.soumu.go.jp/senkyo/kokuminshinsa/kekka.html

・罷免の可否の投票数(3). 2 ［回ごとに異なる］

東京新聞 2022 年 11 月 13 日　日曜版 11,8 面「主権を考える」

DNA の二重らせん構造 (en)

https://en.wikipedia.org/wiki/DNA

- ・立体構造 (静止画像)
- ・化学構造
- ・立体構造 (回転画像)

ヒト 21 番染色体 (en)

https://en.wikipedia.org/wiki/Chromosome_21

- ・塩基数 = 4671 万，遺伝子数 = 215 (右ボックス内)
- ・遺伝子リスト (一部)
- ・疾病関連　APP, DSCR1
- ・全遺伝子マップ　⇒ NCBI (右ボックス内)

Fisher のアイリスデータ (en)

https://en.wikipedia.org/wiki/Iris_flower_data_set

- ・三種の写真
- ・相関グラフ
- ・表示の Python コード
- ・エクセルにダウンロード

https://qmss.ne.jp/databank/advanced/kaisetsu/2-3a.htm

MNIST サイト (en)

英：https://en.wikipedia.org/wiki/MNIST_database

日：MNIST データベース　WIKIPEDIA (訳) を検索

- ・0〜9 の数字キャラクタを 16 通りのみ例示
- ・分類器 classifier ごとの誤判率リスト

参考　重要人物写真 (en)

ラプラス，ゴルトン，K. ピアソン，フィッシャー，メンデル，ウィーナー，シャノン

https://en.wikipedia.org/wiki/File:Laplace,_Pierre-Simon._marquis_de.jpg

https://en.wikipedia.org/wiki/File:Sir_Francis_Galton_by_Charles_Wellington_Furse.jpg

https://en.wikipedia.org/wiki/File:Karl_Pearson._1912.jpg

https://en.wikipedia.org/wiki/File:Youngronaldfisher2.JPG

https://en.wikipedia.org/wiki/File:Gregor_Mendel_2.jpg

https://en.wikipedia.org/wiki/File:Norbert_wiener.jpg

https://en.wikipedia.org/wiki/File:ClaudeShannon_MFO3807.jpg

あとがき

　読者の皆さんどうでしたか．統計学は計算係の仕事，最後はお呼びでない，という時代はもう過去ですよ．仕事を持ったとき，経済や社会や政策の実際問題ではエビデンス（根拠）が厳しく求められます．その極意を要領をとらえながらきちんと解説しました．完全ではありませんが，その気持ちをわかっていただければ，あとは皆さんの応用力で解決できます．

　ある経済学者によると，日本の「データサイエンス」の遅れは何周回遅れにもなるといいます．財務省の統計によると，日本の労働生産性はここ20年全く上がっていません．ですが，コンピュータ・プログラミング普及の情報教育だけでこれが挽回できると思えませんね．とにかく，「解く」よりは一段大きく問題を「発見する」「解決する」こと，計算はコンピュータに任せその結果の「意味」を自分で探り出す時代です．それができなければ，計算は趣味としては面白いが，それだけではけっきょく無用であることはいうまでもありません．こういう言い方は違和感がありますか．

　このことがわからないなら，基礎編のはじめにある「コップ」の絵を見て下さい．簡単な問ですが今は AI にはできず人間にしかできません．あるいは，「宵の明星」と「明けの明星」は同じものですか，違うものですか．同じ（金星）ならなぜ名前が二通りあるのですか．これが「意味_{セマンティクス}」というものです．こういう哲学的問題も苦手といわず，学んでください．それが　データを読む，データを解釈する統計学の精神につながっていきます．

『わかりやすい統計学　データサイエンス基礎』まえがきより

「データサイエンス」の骨子はいうまでもなく統計学です．統計学の替りをするカッコイイ分野と思っていた人も気づいて結局統計学へ戻ってきていますが，まだ試行錯誤で混沌としています．「データサイエンス」を機械的な「死んだ統計学」と評する声さえあり，遂行しているリーダーたちの本当の悩みや苦労を伝え聞き心から「ご苦労さま」と申し上げます．日本のデータサイエンス時代の展開を述べた『統計と日本社会』（山本拓，国友直人編，東京大学出版会）で，佐和隆光，竹村彰通，国友直人，美添泰人，鈴木督久，椿広計諸氏の寄せられた論考も有益でした．

　さて，新型コロナや財政破綻，長期のデフレを前にして，筋の通った公論を作れなかった日本にとって，論理と証拠（エビデンス）を支える統計的な思考は将来に大きな可能性を持っています．次世代に向けた日本の再構築のために，筆者が統計学者として関心をもっているのは一に選挙制度の改革（政治の劣化），二に破綻に向かう国家財政の計数分析を大まかでも客観的に試算してみることです．

　こういうことは，部分的な分野知識が社会的な執行力（制度的権力）に統合され進化しなければなりません．以前，演習で一回だけ助けてもらった宮台真司氏によるパーソンズの社会理論（AGIL 図式）が一定の参考になります．黒田体制が散ったといっても新自由主義のような市場中心の思考の浅き夢が今までのまま戻ることはもうないでしょう．実際，社会は市場より何回りも大きいと実感します．

謝　辞

　最後にこれら『わかりやすい統計学』は，30年近く前，丸善出版事業部（当時の桑原編集部長）から，統計学の重要性と有用性を広く知ってもらう平易な書をと強いお勧めがあり，著者のような理論中心の人間にそれができるかと不安を持ちつつ，苦労と工夫をかさねてここまで来たものである．**「わかりやすい」**は桑原部長の原案であり，ただ「やさしい」とは全然別で，非常によくできたタイトルである．大学講義のモットーとしての効果も絶大であった．今回の「データサイエンス」編にも大きく付け加えることは必要なく，完全とはいいがたいが一大事業を成し遂げた達成感はある．生まれた我が子が育っていくことを念願するのみである．丸善出版企画・編集部（小林秀一郎部長），ことに大江明氏には大変なご負担をおかけした．ここでお礼とお詫びを申し上げたい．

　なお，著者は数理統計学が古巣でありそこへ戻りたい気持ちがあるが，この際，駆け出しの私を育ててくれた統計数理研究所の故松下嘉米男，故林知己夫，故赤池弘次，西平重喜の諸部長の先生方，直属の上司故鈴木雪夫，故藤本熙両先生，同室の早川毅氏，故野上佳子氏には深く御礼を申し上げたい．

　もちろん，学生時代統計学との出会いであった故林周二先生（筆者の前任）への感謝は言うまでもない．執筆中，良きアドバイザー（情報学）であった鎌谷直之先生，統計教育につき助言を与えてくれた渡辺美智子先生（立正大学教授），マーケティング分野応用の水野誠先生（明治大学教授），また30年近くもお世話になっている日本アクチュアリー会（確率・統計基礎）の皆様にも篤き感謝の言葉を申し上げたい．

　またいつもながら，英語で 'Last but not least'（最後になったが決して忘れてはならない）というが，妻真沙子，長男直路の理解と助けがなければ，職自体成り立たなかったことを述べて，Appreciate のことばとしたい．

2022年　待降節に

著者　松原　望

索　引

本書は広い範囲にわたっているので，索引は重要な情報源です.
　・重要な言葉は何か，要点を知りたい
　・引用したいが，その周辺の関連事項も知りたい
　・試験対策に役立てたい（復習）
　・テキスト持ち込み可の試験では大きな助けになる
大いに役立ててください.
※なお，次の語は収録対象外とした：統計，統計学，データ
※*ff.*：「以降」を示す

186

わかりやすい統計学 データサイエンス応用

令和 5 年 2 月 20 日　発　行

著作者	松　原　　　望	
	森　本　栄　一	

発行者　　池　田　和　博

発行所　　丸善出版株式会社

〒101-0051 東京都千代田区神田神保町二丁目17番
編集：電話 (03)3512-3264／FAX (03)3512-3272
営業：電話 (03)3512-3256／FAX (03)3512-3270
https://www.maruzen-publishing.co.jp

Ⓒ Nozomu Matsubara, Eiichi Morimoto, 2023

組版印刷・製本／三美印刷株式会社

ISBN 978-4-621-30746-5 C 3041　　　　　Printed in Japan